适老化康复景观设计研究与应用实践

韩 璐 著

天津出版传媒集团

天津人民美术出版社

图书在版编目（CIP）数据

适老化康复景观设计研究与应用实践 / 韩璐著. --
天津：天津人民美术出版社，2024.1
ISBN 978-7-5729-1461-4

Ⅰ．①适… Ⅱ．①韩… Ⅲ．①老年人住宅－景观设计
Ⅳ．①TU241.93

中国国家版本馆CIP数据核字(2024)第028018号

适老化康复景观设计研究与应用实践

SHILAOHUA KANGFU JINGGUAN SHEJI YANJIU YU YINGYONG SHIJIAN

出 版 人：杨惠东
责任编辑：刁子勇
助理编辑：孙 悦
技术编辑：何国起 姚德旺
出版发行：天津人民美术出版社
社 址：天津市和平区马场道150号
邮 编：300050
电 话：(022)58352900
网 址：http://www.tjrm.cn
经 销：全国新华书店
印 刷：河北万卷印刷有限公司
开 本：710毫米×1000毫米 1/16
版 次：2024年1月第1版
印 次：2024年1月第1次印刷
印 张：17.25
印 数：1—1000
定 价：78.00元

前　言

目前，世界人口的老龄化问题愈发明显，越来越多的国家逐渐被纳入"老年型"的行列，在这种国际发展形势下，我国也进入了"老龄化"社会。国家统计局的最新数据显示，截至 2022 年 3 月，我国 60 岁及以上人口达 2.67 亿人，且预计到 2025 年将突破 3 亿人。伴随而来的老龄化问题、老年人居住区的环境问题也日益凸显。因此，怎样为老年人提供更舒适安全的居住和生活环境，改善老年人的晚年生活质量和身心健康状态，已然成为我国亟待解决的一大重要问题。

于是，在人口老龄化的社会背景下，一系列康复景观渐渐出现在了大众视野中。其设计和应用的主要目的就是为了从生理层面和心理层面带给人们良好的康复与治疗效果。从生理层面来看，康复景观的设计与实践应用既能丰富人们的感官体验，又能有效调节人体的各项机能，给人们带来积极健康的生理影响。而从心理层面来看，康复景观能较好地消除人们的烦躁、焦虑、不安等消极情绪，同时也有助于缓解压力，使其能够在良好且舒适的环境和空间内活动。对此，本书以适老化康复景观设计为主要研究对象，围绕适老化康复景观的设计与实践应用展开探讨，希望给相关从业人员提供学习与参考价值。本书主要分为五个章节，每个章节的具体内容如下：

第一章是概述，主要是对适老化、康复景观、适老化景观、景观适老化设计等基本概念进行简要阐述，深入了解适老化康复景观设计的核心思想及内涵。同时，也进一步分析了康复景观的设计理论基础、原则、目标以及相关的康复疗法，旨在从理论层面为适老化康复景观设计研究与实践应用提供有力保障。

第二章在阐述康复景观适用人群与使用场所的基础上，重点分析了老年人群体的生理、心理与行为特征，更充分全面地掌握老年人的基本特征和老年人对居住环境的设计需求。同时，还从生理和心理层面分析了常见的老年人疾病，并以此为基础阐述了老年人对疗养环境的需求，使本书的创作有更实用性和依据。

第三章针对适老化康复景观的户外活动空间设计展开研究和探讨，主要从交往空间、健身空间和观赏空间三大部分的设计方法进行了详细阐述，并通过借助相关的适老化康复景观设计案例加以分析，深刻了解老年人对户外活动空间的各项需求。

第四章是关于适老化康复景观的元素设计研究，主要从绿化、道路铺装、基础设施、水景系统、照明与标识系统、景观构筑物等六大方面来阐述对应的设计方法，并结合具体的案例来加以分析。同时，以老年人的生理、心理和行为特征为基础，进一步了解并掌握老年人对康复景观中的各元素的使用需求。

第五章则是对适老化康复景观的设计策略的研究分析，以老年人的生理特征及需求、心理特征及需求和行为特征及需求为依据，阐述相应的适老化康复景观设计策略，尝试探索出更合理有效的适老化康复景观设计对策，希望能为相关从业人员提供一定参考和帮助。

鉴于编著者水平有限，书中难免存在一些疏漏，敬请各位同行及专家学者予以斧正。

目 录

第一章　概述

第一节　相关概念

一、适老化

截至 2022 年，中国 60 岁及以上的人口约占全国总人口的 18.9%，按照国际标准和规定，我国已经步入了老龄化社会。而从过去的老年人口数据统计来看，中国社会的老年人口呈现出逐年递增的发展趋势，可见，未来我国的老年人口将会更多。

虽然我国步入老龄化社会已成定局，但是现在的社会变化是否真的更能切实满足老年人的生活需求？答案显然是不能。

根据相关新闻报道，南京某独居老人在家中修灯，因踩空倒地摔伤，直到第四天邻居发现异样选择报警，此时，已经奄奄一息的老人才被民警紧急送往医院救治。安徽某独居老人不慎在阳台摔倒，无法爬起来，无奈选择敲盆来吸引对面住户的注意。当然，每年都会发生类似的事情，所报道出来的这些新闻仅仅只是冰山一角。

由此可见，中国虽然经历了较大规模的城镇化发展，但是在建设各项基础设施时，并没有较好地考虑到人口老龄化的发展需求和存在的问题，从而留下了诸多不利于老人活动的安全隐患问题，而这恰好是生活居住环境"不适老"的表现。

那么，何为适老化呢？顾名思义，适老化就是指适应中老年人。一般包括居家环境装修、公共设施、急救系统、无障碍设施等多层面的适老化设计，其主要目的就是为了充分满足老年人群体的生活、居住以及出行等需求，切实保障老年人的人身安全。现在，商城、医院、学校、住宅等各大设施建设都要求必须要考虑环境、装修等的适老化设计。

二、康复景观

对于康复景观概念的阐述与理解，我们可将其拆分开来加以解读。

康复，指综合地通过采取某些有效的对应措施，帮助病人、伤残者等群体恢复或者缓解身心、社会等存在的功能性障碍，使其能够重返社会。

景观，既指"景"，又指"观"。从"景"来看，是指能够被人真实感知到的且客观存在的事物，从"观"来看，侧重于人心理层面的感知。

事实上，最早对"康复景观"这一词语展开阐述的是美国帕特里克·费朗西斯·穆尼康博士。他认为，康复代表具备恢复或保持健康的能力，将康复与景观、花园等词语结合到一起，就可以得到"恢复或保持健康环境"的概念。[①] 而本书中所提到的康复景观，主要是指通过发挥户外景观环境的功能性作用，来达到帮助人体恢复（保持）健康、预防疾病、缓解压力的目的，其核心思想主要就是为了给人们提供更舒适的康复疗养环境。

（一）康复景观的功能

康复景观的设计并不是单纯地为了满足某一类人的使用需求，而是要求设计师能够分析不同群体的需求，包括亚健康人群、患有疾病且能

---

① 陈崇贤，夏宇. 康复景观 疗愈花园设计 [M]. 南京：江苏凤凰美术出版社，2021.03：82-85+91.

够自理的人群、患有疾病且不能自理的人群等，设计出对应的景观，来帮助他们治疗或恢复自身健康。从这一层面来看，康复景观的功能①可分为三类（如图1-1）：

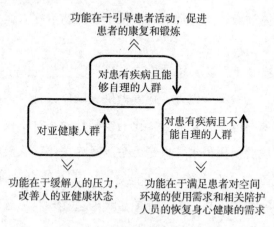

图 1-1 康复景观的功能

亚健康是一种介于健康和疾病之间的非病非健康的临界状态，故又被称为次健康、灰色状态等。亚健康人群主要包括生活饮食习惯不良的人、长期处于高压力竞争状态下的人以及年纪偏大的人，其中，白领阶层为目前最主要的亚健康人群。处于这种状态下的人，虽然并没有明确的疾病，但其精神活力、适应能力却有逐渐下降的趋势。如果这种亚健康状态不能得到及时缓解和纠正，那么就非常容易导致这些亚健康人群渐渐出现不同程度的身心疾病。而康复景观的设计与应用，能够让人通过吸收自然环境中植物、水景、阳光等所散发的空气负离子，帮助他们有效缓解自身的压力、放松身心，从而使其亚健康状态得到明显改善或康复。

---

① 大连理工大学出版社主办. LANDSCAPE DESIGN 景观设计 专题康复疗养空间 2006 年 9 月 20 日 总第 17 期 [M]. 2006：11-12.

对于身患疾病但可以生活自理的人群而言，康复景观能够通过发挥色彩、植物、无障碍设计等要素的引导功能，让这类人群自主进行一些户外活动。这不仅可以使患者感到身心放松，还能引导和帮助他们通过锻炼来恢复身体健康，这通常在医学技术和药物治疗方面有着积极的辅助作用。

针对患有疾病（尤其是精神疾病）且不能自理的人群，康复景观的设计除了要融入自然元素以外，还要做好无障碍设计，以确保患者的安全。同时，景观中也要有功能多样化的空间环境，这不仅仅是为了满足病人对空间环境的使用需求，更是为了满足相关陪护人员的恢复身心健康的需求。此外，由于这类人群不能自理，也不能自主进行康复活动，景观的功能更要强调引导功能，促使患者通过接触自然环境中的景观元素，来达到康复并逐渐恢复良好精神面貌的目的。

（二）康复景观的特点

康复景观作为普通景观的一个分支，其构成要素同样包括植物、道路铺装、水景等内容。但康复景观的独特性就在于，它有着一般景观不具备的功能实用性，能对人体的康复与治疗产生积极的促进作用。而与普通的景观相比，康复景观的特点主要有以下三点：

1. 目的性更强

在设计康复景观时，既要求环境优美，又要求能让人们恢复身心健康，以体现出这类景观的功能实用性，所以往往表现出较强的目的性。譬如，针对老年人群体，需要设计师在设计景观各要素之前，掌握老年人的行为特征及需求，并做出对应设计。而针对有特殊需求的儿童，也会做出针对性的设计。像处于术后恢复、因事故暂时失能等情况的孩子们，为避免他们留下身心创伤，常会在景观中设计一些具有游戏疗法或者园艺疗法的空间环境。

2.参与性更强

康复景观凭借其特殊的设计手法，能让身处其中的人们在欣赏风景的同时，享受到环境的治愈效果，从而达到缓解身心压力、恢复身心健康的目的。譬如，在设计活动场地时，既要综合考虑景观的生态性、娱乐性以及观赏性，又要合理配置植物、色彩等要素，以带给使用者良好的感官刺激，使其主动参与到活动场地当中，从而达到康复与治疗的作用。

3.功能性更强

康复景观最重要的一大特点就是有更强的康复性功能，强调为更好地满足不同人群的康复治疗需求，为其提供舒适的康复环境。譬如，康复景观的场地内一般会设有丰富的活动空间，让人们自由选择并进入其中，使其身心压力得到缓解和放松。静思、冥想等静态区域，能让使用者暂时远离嘈杂的城市和烦恼的事物，具有缓解精神疲劳、治愈心灵的康复性功能。活动区、园艺区等动态区域中，为人们提供了进行集体活动的平台，能增加人与人之间的相互交流，具有增进社会情感、调整情绪的康复性功能。而康复景观中的各大构成要素，能隔离或减弱空气中的污染、噪声和粉尘等，能为人体的安全和健康提供最基本的生活环境。可见，康复景观本身就应是一个避免致病因素、具备康复性功能的存在。

三、适老化景观

（一）适老化景观的内涵

所谓的适老化景观，其实就是指由人工和自然环境共同营造形成的一种更适合老年人居住的外部环境，包括基础设施、绿化环境以及软件服务等内容。与普通景观相比，这类景观的设计往往是以老年人群体的生理、心理、行为活动的基本特征和需求为依据的，对景观中的道路铺装系统、照明与标识系统、水景系统等进行针对性的适老化设计。

适老化景观既要具备优美的户外景观环境，又要兼具功能性和适老性，以避免在老年人群体使用景观时，给其带来不适或者不利的消极影响，旨在为老人创造出更适合疗养和康复的环境空间。

（二）适老化景观的设计原则

1. 以人为本

以人为本的原则，要求设计师能够真正考虑到老年人的身心与行为活动需求，多从老年人的视角去分析他们的生活方式，并将这些特点合理有效地融入景观设计当中。例如，为了让康复景观中的服务设施、绿化、水景系统等的使用更加适老化，设计师必须要以充分保障老年人生理健康为基本前提，保障并改善他们的生活质量。

2. 层次多样性

对于老年人而言，他们的行为活动一般可以分成三大类，即：个体活动、小群体活动、大集体活动。如果从老年人群体的行为活动方式来看，他们往往会对不同活动的场地有着不同的需求，所以，这就要求设计师能够对活动场地进行不同等级的设置，使其更具有多样性。例如，在适老化景观中，设计师可以老年人群体不同的活动需求为依据，设计出私密空间、半开放空间、全开放空间，以便满足老年人的多种交往需求。

3. 无障碍原则

与年轻人相比，老年人的各项身体感官能力大大降低，并且随着年龄的不断增长，其各项身体机能还会呈现出不同程度的衰退情况，如行动迟缓或不便、记忆力下降等。因此，适老化景观的设计必须要遵循无障碍原则，避免景观环境给老年人的行动带来不便。例如，在适老化景观中，设计师既要从老年人的角度合理设置各活动场所的出入口，也要注意对道路铺装的材料、水景、照明与标识牌、公共基础设施等元素的设计进行特殊化处理，使其更加适老化，从而体现出对老年人的保护与关爱。

4. 安全舒适原则

任何一类景观的设计与应用都应该遵循安全舒适的基本原则，适老化景观更是如此。毕竟老年人的生理、心理和行为活动都有一定的特殊性，对环境的要求更高，既安全又舒适的环境往往更容易拉近老年人与环境之间的距离，从而使其更愿意且乐于融入景观当中。

譬如，根据老年人的活动特征，可在设计道路铺装时，注意人车分流，并尽可能选择能避免强光反射的路面材质，同时也要做好路面的防滑处理工作。在设计健身、娱乐等各类公共基础服务设施时，需要以人体工程学为理论基础，从老年人的活动空间尺度来设计。另外，为了更好地降噪、降污染，还要合理配置景观中的植物、设施等元素，最大限度地保障景观空间的安全性和环境的舒适性，给老人以安逸且舒适的疗养康复环境。

四、景观适老化设计

（一）景观适老化设计的理念

景观的适老化设计理念，一般都是以老年人为中心的，要求设计师必须从老年人的角度出发，对景观中的水景系统、道路铺装、公共服务设施、照明与标识系统等元素进行有针对性的适老化设计，使其更符合老年人的多种使用需求。与全龄化的景观设计相比，该设计理念更注重景观适老性、功能性等积极作用的发挥。

（二）景观适老化设计的要素构成

景观适老化设计的要素构成一般有很多，通常包括活动空间、绿化、公共服务设施、道路铺装、照明与标识等（如图1-2）。[①]而这些要素的适老化设计，既保留了景观环境的功能性，为老年人的疗养与康复提供

---

① 陈崇贤，夏宇. 康复景观 疗愈花园设计 [M]. 南京：江苏凤凰美术出版社，2021.03：82-85+91.

保障，又赋予了景观环境适老性的特点，为老年人的生活、居住和活动提供安全与便利。

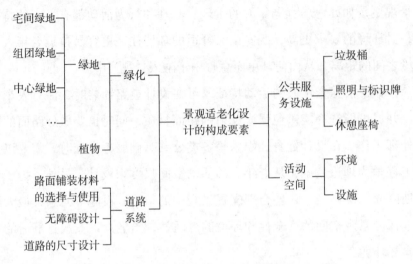

图1-2　景观适老化设计的构成要素

1. 绿化

景观中绿化要素的适老化设计，一般可以从绿地、植物两个方面来考虑。其中，绿地又可以被分成很多种，如宅间绿地、组团绿地、中心绿地等，是景观环境品质与空间品质的重要体现。而植物不仅具备美化环境、改善气候、丰富空间等功能，还能为老年人的身体保健与身心康复带来积极的促进作用。

2. 公共服务设施

在各类景观中，大多都会设置垃圾桶、照明与标识牌、休憩座椅等基本的公共服务设施，旨在为生活居住环境品质的改善提供有力保障。而这些公共自主设施的适老化设计，一方面可以满足老年人的特殊化使用需求，另一方面也为他们的行为活动提供安全、舒适和便利。

3. 道路系统

景观中的道路系统与人们的户外活动空间紧密相连，有一定的连接性和导向性。其适老化设计应注意三点：一是道路铺装材料的选择和使用，使其更适用于老年人的活动特征；二是道路的无障碍设计，避免给老人的出行带来不便；三是道路的尺寸设计，以便带给老人良好的出行体验。

4. 活动空间

景观中活动空间的适老化设计，应充分考虑到老年人对环境各场地和基础设施的活动需求，设置不同性质的空间环境供其使用，从而为老年人群体的相互交往与沟通提供适宜的活动场所。

第二节 康复景观设计的理论基础

究其根本，康复景观的设计与实践应用其实就是一种以自然要素为基础的辅助型"治愈"方式，强调人与环境的有效互动。[①]自20世纪以来，越来越多的学者和专家纷纷致力于康复景观的设计与应用研究，并形成了一套比较完整的康复景观设计理论体系，为本书的适老化康复景观设计研究与应用实践提供了大量新思路。

一、恢复性环境理论

恢复性环境理论[②]作为康复景观设计研究领域的一大重要理论基础，主要是由卡普兰（Kaplan）夫妇的注意力恢复理论和罗杰·乌尔里希（Roger Ulrich）的心理进化理论两部分构成，且这两种理论均是以心理学、生物学等观点为基础的。而经过持续性的研究和验证，他们也从中得出了"适宜的景观环境既具备了美化环境、维持生态平衡、促进文化

---

① 刘刚，冯婉仪主编. 园艺康复治疗技术 [M]. 广州：华南理工大学出版社，2019.03：06-10+13.

② 王晓博著. 康复景观设计 [M]. 北京：中国建筑工业出版社，2018.07：35-40+42.

传播等功能，又能有效改善人们的身心健康发展状态"的结论。

（一）注意力恢复理论

在注意力恢复理论中，卡普兰（Kaplan）夫妇将注意力分成了两部分：定向注意和自发注意。自发注意通常是外界环境对人的本能吸引而引起的注意，具有较强的多变性。定向注意则是有预期和目的的，需要人们花费时间和精力专注于某件事，但事情本身可能不足以吸引人的注意力，还需要我们耗费巨大的心力来集中注意力，所以这往往也会让人产生一种身心俱疲的感觉。此时，我们对问题的处理能力就会大大降低，因此，倘若人长期处于这种身心疲惫的状态，必然会对自身的心理情绪和身体免疫力造成严重的负面影响。

然而，在康复景观中，自发注意似乎更受人青睐，其最终目的就是帮助定向注意使用过多的人缓解疲劳。从目前人们对注意力恢复理论的研究情况来看，康复景观环境一般有四种特性（如图1-3）。

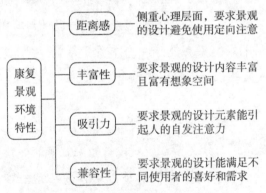

图1-3　康复景观环境的特性

距离感（Being Away），并不是指物理层面的距离，而是侧重于心理层面的距离，要求环境的设计能让人们从生理压力或心理压力中逃离出来，从而缓解自身的疲劳状态。丰富性（Extent），包含了两个方面，即：关联性和范围。这里的关联性强调景观中的内容丰富，并且各元素之间相互联系，能让人感觉整个环境是一个大整体，而非各自独立的。范围是指人们能够感知到的环境，而这个环境还能给人以丰富的想象空间，使人可以将压力抛之脑后。吸引力（Fascination），强调景观环境的设计可以吸引使用者的自发性注意力，帮助他们恢复健康状态，通常分为硬性吸引和软性吸引两种。其中，硬性吸引一般可以吸引人的全部注意力，可由体育、娱乐等活动来引发；而软性吸引强调给人一种相对温和的吸引体验，大多与美学刺激有关。兼容性（Compatibility），是指人与环境之间的相互兼容，不仅强调了景观环境的设计要满足不同个体的多样化需求和不同喜好，还强调了个体也要愿意去适应该环境的要求。

另外，卡普兰夫妇认为，人体的注意力恢复过程可分成四个阶段：第一阶段可使人归于平静；第二阶段可消除定向注意疲劳感；第三阶段可给人处理个人问题的机会；第四阶段也是最高阶段，可引人反思一些重大问题。同时，有相关研究表明：倘若人有充分的时间处于康复景观环境当中，就会深刻感受到上述自我注意力的渐进式恢复过程。

（二）心理进化理论

罗杰·乌尔里希所提出的心理进化理论又被称为"减压理论"，他认为：复杂多变的外界环境刺激和垃圾、噪声、拥挤等环境问题，将会直接影响人们的生活质量和心理情绪。[①] 同时，罗杰·乌尔里希认为：当人处于一种压力性状态或者是应激状态时，可尝试通过接触一些适宜的自然景致来调动自身的积极、正向情绪，从而达到缓解身心压力的目的。

在该理论中，罗杰·乌尔里希经过研究和实证重点强调了构建恢复性环境应当满足的基本原则[②]：

---

① 大连理工大学出版社主办. LANDSCAPE DESIGN 景观设计 专题康复疗养空间 2006 年 9 月 20 日 总第 17 期 [M]. 2006：33-35.

② 大连理工大学出版社主办. LANDSCAPE DESIGN 景观设计 专题康复疗养空间 2006 年 9 月 20 日 总第 17 期 [M]. 2006：44+52-53.

1. 私密性

从环境心理学的角度来看，每个人都有是否与他人交换信息的控制权利和需求，而私密性就是指人们有选择性地控制他人与自己接触、沟通。

在康复景观中，私密性一般体现在景观使用者对周围环境的整体认知上，包括人们对景观中的路径系统、场地环境以及具有视听私密性的围合空间等的自我认知，有较强的个人主观意识。该原则致力于带给景观使用者良好的主观体验，使人从心理上感受并认可景观环境的亲和性。

2. 社会支持性

社会支持一般包括亲人、朋友、环境等社会各方面带给个体的精神支持和物质帮助，能有效缓解或消除个人的心理压力和心理障碍。目前，社会支持有两种：一种是客观上的实际社会支持，侧重于物质层面的帮助和服务；一种是主观上的情绪体验支持，侧重于精神层面的体验和援助。其中，后者能够直接影响人的心理感知和行为发展，更能反映出对个体身心健康发展的增益功效。

罗杰·乌尔里希在心理进化理论中提出构建恢复性的景观环境要遵循社会支持性原则，其主要目的是充分满足不同活动和文化需求的使用人群，并以此为基础和标准，进一步明确景观中的服务设施数量和应规划的空间面积，以保证环境规划的合理性。

3. 互动性

关于互动性的概念，虽然目前学术界并没有给出统一界定，但均认为互动性具备了"双向沟通"和"控制力"两个方面的特性。在我们的日常生活中，跳舞、辩论等活动都属于具有互动性的例子，这种互动交流的显著特点就是实时性和相互性，并且任何一方都能作为信息的发出者与对方沟通。

罗杰·乌尔里希的心理进化理论强调，设计康复景观要遵循互动性原则，尤其是人与自然环境的有效互动，主要分为两个方面：一是活动锻炼，通过设置舒适的道路铺装系统和景观设施，来激发人们想要进入环境并进行活动锻炼的欲望；二是自然环境的干预，强调要充分利用动植物、流水等富有生命活力的景观元素，增加人与自然的有效互动，致力于强化自然环境对人产生的疗愈效应。

二、园艺疗法

园艺疗法一般以园艺为媒介，通过植物、植物生长环境以及与植物有关的活动，来达到恢复人体身心健康的目的。[①]园艺疗法除了能提升人们的生活质量，更是康复景观中一种常见的治疗手段，其服务对象有很多，包括亚健康人群、残疾人、老年人、儿童等。[②]人们通过参加多样化的园艺活动，让景观中的植物刺激自身的感官，使自己获得有益体验，进而达到人体保健和康复的效果。

对于老年人群体，园艺疗法更有利于刺激他们的身体机能，通过加强运动锻炼，来减缓身体各项机能的衰老或衰退。同时，除了身体方面的保健与恢复，园艺疗法还能对老人的精神与情绪产生积极的影响，可以在消除老年人烦躁、不安、孤独等消极情绪的同时，提升他们的自控能力和生活信心。另外，植物从出生直至死亡所经历的生命过程，可帮助老人形成积极、健康、阳光的生活心态，使其能够渐渐正确地面对人的生老病死。

不同的园艺操作活动能为老年人的身心锻炼带来不同的益处。园艺操作活动如下（如图1-4）：

---

① 刘刚，冯婉仪主编. 园艺康复治疗技术 [M]. 广州：华南理工大学出版社，2019.03：22+26-28.

② 刘刚，冯婉仪主编. 园艺康复治疗技术 [M]. 广州：华南理工大学出版社，2019.03：10+25.

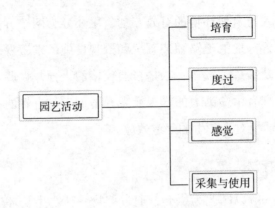

图 1-4　园艺操作活动

其中，园艺活动中的"培育"，需要老人进行翻土、播种、浇水、除草等活动。这不仅加强了老人的运动锻炼，使其感到身体的良性恢复，同时也大大满足了老年人的自我实现、亲身体验等愿望。

园艺活动中的"度过"，需要老人花费一定的时间和精力去陪伴植物生长。这项园艺活动能在培养老人耐心的同时，逐渐恢复他们的时间感，并使其渐渐适应生命过程中生老病死的现实。

而园艺活动中的"感觉"，则离不开老人对植物的看、听、闻、触、品等行为，以此来恢复人体的五官感知能力，同时还能缓解自身的消极情绪和身心疲劳感。

园艺活动中的"采集与使用"，一般包括收获、观赏、买卖、食用等活动，这通常可以给老人带来良好的成就感，并获得自我保持、自我创造的喜悦与满足。

三、亲生性理论

德国心理学家艾力克·佛洛姆将"亲生性"界定为"对生命和生物的热爱"，他认为人类的天性就是如此，并且还能从中获取利益。而这种现象在我们的日常生活中也是随处可见的，如为了缓解工作压力，办公室里常会摆放一些绿植盆景；与办公室相比，人们在公园更容易放松身心等。

从生物学的角度来看，人类经历了十分漫长的自然进化和选择。一开始，人们都是生活在自然的原始社会当中的，直到发展了文明和工具，才逐渐有了自然改造、农耕、建造城市等活动。从时间发展的跨度来看，人类在自然世界的生活时间甚至超过了历史长河的99%。由此可见，亲生性更是人类发展的一种必然结果，即便到现在人们也会不可避免地与自然亲近。

亲生性理念更注重发挥人与自然环境的良性交互作用。一方面，有利于促进自然环境的可持续发展；另一方面，又可以借助景观来激发潜藏在人体生物本能中的积极部分，使人在调整身心健康的同时，提升幸福感。因此，亲生性理论认为康复景观的设计应以自然景观为主，强调要借助自然环境的力量来对人施加影响和引导。譬如，开阔的绿色草地容易让人感到放松，是缓解身心压力的好场所，而幽闭的森林则更容易让人感到紧张和焦虑。

总的来讲，在设计康复景观时，充分发挥人类的天性——亲生性，不失为一种追求人与自然和谐共生的可行方法，这既是对自然环境的保护，也是对人体康复的负责。

四、人体工程学

相较于普通景观，康复景观的设计更注重适应人体的心理与行为特点，所以往往会要求设计师能够以人体工程学为依据，通过了解并参考人体的坐立尺度、心理空间以及活动空间等基本数据，来进一步明确景观的空间、元素、服务设施等尺度参数，以确保景观环境的适用性。

其中，人体在景观中的活动与休息空间尺度最为重要，一般是为了给使用者带来良好的空间感官体验。这就需要设计师在设计景观空间环境时，尽可能将多方面因素综合起来考虑，如使用者的活动需求、不同景观元素的使用感受、外界因素对空间尺度的影响等，以便产生更好的空间使用效果。

从整体来看，景观空间尺度的设计并不是完全独立开来的。即便是某一个或者是某几个建筑物的单独设计，也必须要考虑到周围其他建筑物的空间尺度和形状，同时更要注重景观整体的动态化感官体验。毕竟，人体对空间环境的使用心理一般会随着时间的推移而发生变化。因此，为了更好地满足使用者对空间尺度的不同需求，设计师需要根据人们对不同空间尺度的使用反应来进行合理化设计。

第三节　适老化康复景观设计原则与目标

一、设计原则

设计普通景观的基本原则一般包括：美观、经济实用、满足自然生态等。而在人口老龄化的社会发展背景下，适老化康复景观的设计除了要美观、实用，更要考虑到老年人群体的特殊需求，围绕他们的生理、心理以及行为活动特点进行针对性设计。

（一）舒适安全性原则

1.安全性

与一般的景观相比，设计康复性景观的首要原则便是安全性，只有自身安全得到了保障，人们才能安心在室外活动。在适老化康复景观中，设计师除了要考虑景观的无障碍设计，也要以人体工程学为基础，结合老年人的活动尺度，对道路、活动场地、植物搭配等细节方面的设计做好特殊处理。

譬如，在选择植物时，应挑选无刺、无飞絮、无刺激性气味的植物，避免使用易掉落果实或易流汁液的植物，以保障人体的安全。道路铺装材料的选择，要平整、防滑；墙面的装饰美化要避免使用凹凸不平或尖角过多的材料，以避免擦伤老人皮肤。步行环境要做到人车分流，尽可能将机动车道路的设置放在外围，并增设相应的减速装置。整个景观环境的设计要无障碍化，对存有高度差变化的位置，既要有道路铺装材质和色彩的变化提示，也要设置一些扶手，为老年人的行动提供便利。

2. 舒适性

老年人的生活时间相对充裕，他们每天都会有较长的空闲时间散步、锻炼身体、坐在凳子上聊天等。此时，就需要考虑老年人的人体工程学，按照更符合老年人的尺度参数去设计景观空间环境。同时，还要在老年人常去的活动场所中设置舒适的"小气候"。一方面是为了利用植物、建筑物等去调节或改善活动场所的"小气候"；另一方面则是为了保持空气的清新，增加场所的使用频率，使场所的康复功效发挥到最大。

（二）易识别原则

由于老年人的认知和智力都有明显下降的迹象，为避免老人在景观中迷路或者失去方向，适老化康复景观的设计需要易识别。一般可从以下四个方面出发，加强景观设施的识别性。

1. 道路铺装系统要分级、清晰

在适老化康复景观中，道路的主干部分和次级道路要通过宽度、铺装材质等的细节变化，来加以区分。同时，道路的设计应尽可能设置成环状，即便老人走错也可以回到原点重新寻找。

2. 各居住区的景观设计要有区别

一般情况下，居住区内的楼层建筑大多都是统一的。为了方便老人记住自己的住所，设计师可在景观设计上凸显出差异性，如植物的选择、铺装材质和颜色、景观小品的摆放等，都能成为老人记忆的一个重要关键点。

3. 活动场所要有鲜明的特色

景观中，可供老年人群体活动的场所有很多，如活动广场、步道等。这些不同的活动场地也应该有各自的特色，可从植物选择、道路铺装等方面来加以设计和区分。

4. 标识牌要准确、清晰

通常情况下，适老化康复景观还会配备一些标识牌或指示牌等标识系统，为老年人的使用提供方便。因此，标识系统必须要准确无误，还要避免选择过于花哨的字体，更要保证字体的大小适宜。同时，字体的选择要尽可能与背景颜色区分开来，如黑底白字等，让老年人能够看清标识。

（三）健康原则

适老化康复景观的设计与应用，要对老年人群体的保健与健康恢复起到积极的促进作用。

首先，老年人的活动场地要尽可能选择向阳、避风的位置，既要配有促进人体健康的保健型植物，也要有避雨空间。其次，要设置可进行园艺活动的公共区域。既要设置不同高度的种植池，为不同老年人群体的园艺劳动提供条件，也要考虑取水区与种植区的距离，减少老人来回取水的频率。最后，可合理利用水景系统来活跃氛围。而水景的设计要尽量可让人安全触摸，并通过叠水制造自然的流水声，减少大而无当的水面设计。同时，要避免使用枯山水等容易引人产生消极联想的水景设计，否则只会让人感到心情压抑。

（四）促进交往原则

老人退休之后，大多都会产生一定的孤独感、寂寞感，而他们可以通过和子女、其他同龄人的沟通、交流，来逐渐缓解自身的负面情绪。所以，如果适老化康复景观的设计能促进人与人之间的交往，所收获的保健与恢复效果自然就会更好。

1. 设置适宜室外停留的活动场所

在座椅的设置上，应成角度、成组布置，为更好地满足不同数量人群的活动需求，还可考虑使用移动座椅与固定座椅相结合的布置方法。在活动场地的空间设置上，既要通过种植等手段，增加空间的围合感，使空间边缘丰富化，也要避免选择空间过大的场所。

2. 设置一些老人和儿童共用的场所

对于老年人群体而言，他们在观看儿童做游戏时，往往会感到心情愉悦、身心放松。所以，可设置一些能够让几代人一起进行室外活动的场所，促进家庭成员的沟通和情感交流。

3. 在出入口、门厅等容易偶遇的场所设置交谈空间

很多时候，老年人的相互交往并不是刻意安排的，有一定的偶然性。所以，如果可以为他们的交谈和对话提供一个可坐下来的地方，景观设施的设计就会更适老化。一般可在这些容易发生偶遇的地方设置"过渡性"的交谈空间，通过布置座椅等方式，来提高环境空间的层次感。

（五）认同原则

当老年人群体与社会脱节以后，他们从心理层面更渴望一些身份性的认同，这不仅是对自己归属于居住环境的认同，更是一种他人对自身存在价值的认同。所以，适老化康复景观的设计与应用，必然也要最大限度地提升老人的认同感。

1. 选择本土植物种植

千篇一律、毫无特色的景观设计不仅不会让老人产生归属感，甚至还会降低他们对居住环境的认同感。如果可以从当地的文化特色中寻找设计元素，就容易唤起老人对往事经历的回忆，从而增加自己对居住环境的认同感。譬如，在植物品种的选择上，可因地制宜地种植一些当地的植物。当老人看到自己所熟悉的植物时，自然就会产生强烈的熟悉感和归属感。

2.为老人提供个人展示的平台

当老人的个人才艺或劳动成果得到了展示，那么他们的成就感和环境认同感也会得到有效提升。例如，有些老人有一技之长，擅长书法、绘画等，就可以设计一些展板、展示墙等设施，为他们的成果展示提供可能。有些老人喜欢朗诵、音乐、跳舞等活动，就可以为他们提供能够表演的小舞台。还有些老人有种植栽培的爱好，此时，便可以专门为他们提供可自由种植的小花圃，供其展示各自的种植成果。

二、设计目标

（一）亲近自然——促进老年人的五官体验

老年人的各项身体机能呈现出明显衰退的特征，具体表现为五大感官不同程度的退化。[①] 而诸多理论与实践表明：康复景观中的植物要素能对人体产生积极的刺激效果，有利于人体感知能力的保健与康复，进而达到恢复身体健康的目的。因此，为了最大限度地提升老年人身心健康的恢复效果，我们不妨以"亲近自然"为目标，合理配置景观中的植物元素，丰富老年人的五官体验。[②]

1.视觉景观设计

视觉感知在人体各项机能中占据着重要的主导地位，是人快速获取信息的一种主要途径，有一定的直接性。由于老年人的视觉感官退化，不能较为准确地去辨识色彩、物体细节等要素，所以可通过设计视觉景观来丰富老年人的视觉体验。目前，最常见的视觉景观设计一般都是以色彩理念为基础的，通过明度、色相等不同元素的变化，为老年人的视

---

① 刘博新著. 老年人康复景观的循证设计研究 [M]. 北京：中国建筑工业出版社，2017.11：06+20.

② 刘博新著. 老年人康复景观的循证设计研究 [M]. 北京：中国建筑工业出版社，2017.11：23-30.

觉感知、信息获取与传递提供舒适环境。

其中，最常用的一种视觉景观设计便是利用植物不同的颜色，为老人传递积极情绪，从而收获良好的治愈效果。譬如，红色的植物代表着热情与活力，能引人兴奋，在治愈低血压、贫血等病症方面有着良好的促进作用。橙色的植物通常有健康、明亮的寓意，能使人心情愉悦。白色的植物干净、整洁，既能在视觉上放大空间，又能缓解人体的消极情绪。紫色的植物可以在偏头痛、风湿病等疾病的治疗与缓解上，发挥出重要的辅助功效。绿色的植物在景观中最为常见，能给人带来安稳、舒适的感觉，更有利于缓解疲劳和放松身心。

2. 嗅觉景观设计

良好的嗅觉体验能在一定程度上影响人的思维和行为，促进自身情绪、状态的调整改善。因此，嗅觉景观对人体的治疗作用一般表现为：通过借助植物所散发的"保健因子"，刺激患者的嗅觉以改善病情，进而恢复其身心健康。就像被大家所熟知的那样，薰衣草有安神、抗菌等功效；桂花可以清肺消炎、提神醒脑；银杏树既可以抗烟尘和火灾，它所散发的香气还能化湿、益心；栀子花能杀菌消毒、净化空气；深受中老年人喜爱的康乃馨能使人心情愉悦等。

嗅觉景观的设计与应用，还能通过特殊的味道来引人共鸣或者转变情绪。尤其是对于老年人群体，他们往往可以通过闻到自己所熟悉的味道，回忆起往事，熟悉感、愉悦感和环境认同感也就油然而生。

3. 听觉景观设计

听觉感知的重要性仅次于视觉，对人体的影响也十分重要。人们可以从自然环境中听到很多美妙的声音，如虫鸣鸟叫、溪水流淌等，而这些声音又能让人感到放松和享受，深受老年人喜爱。因此，在设计听觉景观时，我们不妨借助广播、多媒体等声讯设备，通过在特定的时间段播放舒适宜人的音乐，营造惬意安稳的自然环境，来帮助老年人稳定情绪，甚至还能促进他们的康复运动效果。需要引起注意的是，听觉景观的设计要保质保量，即音质和音量要精美和恰到好处，避免出现嘈杂的噪声，减少听觉污染给老人带来的不适。

4. 触觉景观设计

在日常生活中，人们总会有意或无意地接触到各种事物，所产生的感受也是各不相同。而触觉景观的设计与应用则恰好应用了这一原理，通过外界事物对人体皮肤带来的不同刺激，使自身产生心理变化或生理变化。

目前，最常见的一种触觉体验方式就是：在不同的动作下，手脚、肢体与周围景观的接触。比如，景观中的石子道路有足底按摩的功效，戏水平台能给人以舒适冰凉的快感，深浅不一的墙面装饰可以满足人们对周围环境的触碰感需求等。对于老年人而言，他们的身体各项机能逐渐衰退，对事物的感知能力大大降低。设计并应用触觉景观，能够给老人带来不同形状、温度、光滑度等事物的触碰体验，在锻炼老人肢体协调能力和事物感知能力的同时，又激发了他们对自然事物的探索精神。

5. 味觉景观设计

通常情况下，味觉康复景观对人体的治愈效果很难立即见效，其作用功效一般表现为人在进行园艺种植、品尝食物等活动时，所产生的满足感和成就感。体验者在景观中种植并打理自己的农作物，既能收获精神层面的享受，又能在收获可口食物的同时，得到物质层面的满足。

从味觉景观的适老化设计来看，大多都会涉及园艺种植活动，也就是我们常说的园艺疗法。这既能拉近老年人与居住环境的情感联系，又能美化周围的生态环境，从整体上提升生活质量，最终形成良性循环。所以，我们可以在居住区建立公共生态种植模块，吸引并鼓励老年人群体积极参加一些简单的种植活动，帮助他们恢复身心健康、习得技能并丰富社交。在植物的种植、培育、打理过程中，老人的肌肉、身体各项感官机能往往可以得到较好的协调、锻炼与平衡。同时，集体性的园艺种植活动既能帮助老人习得并掌握一些农林知识和植物栽培技术，也能促进老年人的相互认识、分享与交流，使其老年社交生活更丰富。在收获种植成果时，老人的成就感又可以得到满足。而针对园艺种植作物的选择，可从老年人的喜好出发，挑选一些当地的本土植物，使其更乐于参加园艺活动。

（二）乐享晚年——提升景观服务的品质

为了让老人乐享晚年，适老化康复景观的服务就必须要有保障。可通过合理利用"沉睡"的景观空间资源、增强景观设施的识别性，来有效应对老年人对环境的需求。

1. 充分地利用景观空间资源

景观设施的重新规划与修建，除了会耗费大量的财力、物力以外，还会受到原来居住区景观占地大小的影响。所以，想要切实提升景观服务的品质，很多人都会选择对景观环境进行因地制宜的微创改造，以充分发挥出景观资源的功效性。

一方面，可综合考虑老年人的需求，置换或者修复景观设施，并在细节上添加一些适老化设计。如此便可以进一步扩大景观对人群的服务范围，并且还能在提升服务品质的同时，增加老年人群体对景观空间的满意度。另一方面，可对景观中环境较差、部分荒芜等空间进行改造，如被忽略的空地资源、荒废的室外景观小品等。通过对这些资源的修复与合理规整，使原本"沉睡"的资源重新得到利用，既可以提升景观空间资源的适老性，又能提高景观服务的品质，从而为老年人群体的乐享晚年提供保障。

2. 增强景观设施的识别性

目前，人们将城市形态的基本意象总结成五个方面，即：路径、边界、节点、标志物和区域。康复景观虽然都会设置在公共空间，但富有特色且识别性较强的空间环境往往更容易给人留下深刻印象，更受群众喜爱。老年人群体的记忆力下降，对事物的辨识能力也呈现日益下降的趋势。因此，我们可在康复景观设施中融入一些有明显特征的视觉要素，如清晰的色彩搭配、简明的标识牌等，增强设施的识别性，为老人的识别和使用提供便利。

而随着人们对事物审美意识的不断提升，老年人对自身居住环境的诉求也变得越来越高。对此，景观中的设施配置除了要满足老人的康复运动需求以外，还要具备一定的艺术性和文化性，促使老年人更喜爱公共服务设施，从而促进人与环境的良性互动。

（三）共创共享——建设可持续的生态圈

1. 共享设施

虽然适老化康复景观的主要服务对象为老年人，但其本质也是公共服务设施，必然不能对儿童、中青年人等其他群体的使用进行限制。

对于老年人而言，他们的活动时间一般都会与中青年人的休息时间错开，但却不会产生较大的冲突。同时，也有部分老人的康复活动需要子女的陪伴训练。因此，康复景观的设计除了要求适老化，满足老年人群体的使用需求，也要在这一基础上尽可能多地接纳并协调其他年龄层人群的使用，从而实现景观设施的共享共用。

2. 协同管理

当景观中所建设的公共服务设施为人们提供高质量的生活环境时，他们往往会愿意贡献自己的力量，自发参与设施的公众管理。当康复景观设施被引入公共区域以后，如果仅靠物业管理人员的管理与维护，不仅难以保证服务的效率，还极有可能再次被搁浅，无法真正实现设施的可持续发展与利用。因此，对景观设施的管理、监督与维护，还需要集结群众的力量，以实现公众的协同管理。譬如，在园艺活动中，可由居民主要负责植物的种植、培育与收获，而物业只是在其中起到协同管理的辅助作用。

在适老化景观设施的管理与维护上，可邀请老年居民加入志愿管理小组，收集并反映群众的问题和使用意见。或者还可以加强居住区与周边学校、组织机构等的有效联合，为景观设施的维护与更新提出新思路，从而形成多主体的协同管理机制。

第四节　适老化康复景观相关的康复疗法

目前，关于适老化康复景观的疗法有很多，虽然这些康复疗法的方式存在一定的差异，但其最终目的都是为老年人群体的保健与康复提供保障。在这里，我们主要阐述四种康复疗法：物理因子疗法、运动疗法、作业疗法和植物疗法。[①]

一、物理因子疗法

物理因子疗法[②]是利用各种物理因子（包括人工因子和自然界因子），来影响并作用到人体各项机能的一种治疗和预防疾病的方式。在适老化康复景观中，最主要的便是利用自然界中的物理因子，如阳光、植物等，对人体的组织器官、体液、致病因子等产生治疗作用（如图1-5）。

①　赵曦光，杜玉奎主编；中国人民解放军总后卫生部编. 疗养康复护理学 [M]. 北京：人民军医出版社，1999.01：08-12+15.
②　赵曦光，杜玉奎主编；中国人民解放军总后卫生部编. 疗养康复护理学 [M]. 北京：人民军医出版社，1999.01：10-11.

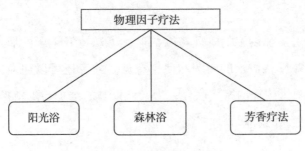

图 1-5　物理因子疗法

（一）阳光浴

阳光浴又叫日光浴，该疗法主要是利用日光进行照射治疗，同时也能预防慢性疾病。

以波长为标准，可将自然光分成红外线、紫外线和可见光三种。其中，红外线的穿透力比较强，能透过人体表皮照射到组织深部，可促进人体的血液循环和血管扩张。紫外线的照射可以促使人体产生有益于骨骼健康的维生素 D，既能提高老人的身体免疫力，又能预防老人出现骨质疏松、睡眠障碍、牙齿松动等疾病。而可见光除了给人带来光明以外，还对人们的身心舒缓大有益处。

（二）森林浴

森林浴是一种休闲保健、预防疾病、增进健康的疗养方法。该疗法需要人们走进环境优美、空气清新的自然景观当中，通过利用特殊的自然生态环境和某些设施，使人尽情呼吸，适当锻炼。其疗养原理主要是人体通过吸收景观植物散发出的具有保健作用的植物香气和空气负离子，来达到养生、保健的目的。

森林浴的康复疗养方法一开始是由日本林业局提出来的，主要是为了鼓励人们通过散步来增进健康。随后，李卿在相关研究中发现：人在自然环境中运动锻炼，能够有效提高抗癌免疫系统的活性，也有利于人体抗压能力的提高。经过研究，他认为，之所以会有这种康复治疗效果，是因为树木中含有芬多精（木香精油），它所散发出的有机化合物能防止树木腐烂，避免病虫侵袭。此外，李卿又对比分析了人们在自然环境和城市环境的徒步行走效果，发现只有在自然环境中行走，才能提高人体的细胞活性与数量，也就是人体抗癌免疫能力的提高，且持续效果可维持一周左右。

（三）芳香疗法

1.芳香疗法的内涵

芳香疗法最开始是由法国化学家盖特佛赛提出的，是一种人体通过吸入芬芳气味或具有挥发性物质的气味，来预防、治疗或减轻疾病的康复治疗方法。

植物芳香除了可以调节人体神经和腺体，还能促进人体分泌健康激素和一些具有生理活性的物质，对人体神经系统和内分泌系统的调理与改善大有裨益，进而收获恢复人体机能、康复保健的效果。

事实上，很多植物自身所散发出的芳香油，均有一定的药效。而且，早就有相关实践证明，与药理活性物质相同，植物的芳香油分子也有特殊的康复治疗功效。它能够被人体很好地吸收，并通过作用于血液等来达到治疗疾病的目的，在人体的保健与恢复中发挥着重要的促进作用。譬如，桂花、丁香、木香、沉香、薰衣草等植物，有一定的抑菌消炎、防腐功效；茉莉花可以解热镇痛；薰衣草、薄荷、香叶、天竺葵等植物，具有安神镇静的功效；薄荷还能祛痰止咳等。

2.芳香疗法的应用类型

（1）芳香植物专类园

我国有着丰富的植物资源，目前已经发现的芳香植物就有800多种。现在，有很多康复景观的设计都融入了芳香植物这一要素，并打造成芳香植物专类园，致力于为人们的观赏、休息、活动等提供更优质的服务。

（2）植物保健绿地

植物保健绿地的应用范围非常广泛，植物园、养老院、医院、居住区、森林公园等都可以建立，适用性较强。旨在通过芳香植物所散发的气味作用于人体，达到治疗和恢复的目的，甚至还能强化药物的全身性治疗功效。

（3）为盲人服务的绿地

有研究证明，盲人虽然失去了视觉感知能力，但其他感官能力往往会高于正常人，尤其是在听觉和嗅觉方面。所以，在为盲人设计康复性景观时，芳香植物的配置就有着明显优势，既能让盲人感到神清气爽，又能使其增加对周围环境和植物的了解。

（4）夜香园

夜香园最主要的特点就是幽静、安宁，在康复景观中有着广阔的发展前景。尤其是在炎热的夏季，很多人更喜欢在晚上出来活动，夜香园便可以为他们提供消暑纳凉、观赏夜景的休息场所。在夜间，人们利用视觉获取信息的能力明显下降，此时就能彰显出夜香园的独特优势。

二、运动疗法

运动疗法[①]，顾名思义，是指人体通过运动的方式来达到保健和康复治疗的目的。在运动过程中，人们通过利用运动器材或凭借自身力量进行体育锻炼，一方面是为了预防和治疗疾病，另一方面则是促进人体各项机能的恢复性治疗。

该康复疗法是以生物力学、运动学等理论为基础的，需要结合人们的身体状况、疾病特点等，设计出具有针对性的运动方案，包括运动的形式、强度、时间和频率等。在适老化康复景观中，主要的运动方式有

---

① 赵曦光，杜玉奎主编；中国人民解放军总后卫生部编. 疗养康复护理学 [M]. 北京：人民军医出版社，1999.01：06+11.

广场舞、园艺活动、健身操、健走、运动器械等。

目前，运动疗法是康复治疗技术中最常用、最基本且最广泛的一种治疗方式。尤其是对于老年人，适当的运动有利于他们身心健康的调节与恢复，也可以保健身体、预防疾病，在医学治疗上有着重要的辅助性作用。

三、作业疗法

作业疗法具有较强的目的性，主要是通过有针对性的人体功能训练，提高患者的自理能力，进而达到提升其生活质量的目的。[①] 这种康复治疗方法能通过改善人体的系统功能，如肌肉、骨骼等，提高人们的独立生活能力，还能锻炼人的肢体协调能力和工作耐受力，使其更适应家庭生活和社会活动。

根据不同性质的作业活动，可将作业疗法分成三大类：一是具有工艺性特点的劳动，如木工、编织等；二是具有职业特点的劳动，如缝纫、修理自行车等；三是具有文娱性的作业劳动，如园艺活动、琴棋书画等。其中，在文娱性作业劳动中，园艺活动有着更强的普遍适用性，适合大多数人。因此，这里的作业疗法更强调园艺活动的开展。

（一）园艺活动的内涵

园艺活动包括果树、蔬菜、观赏植物等的种植与栽培活动。在适老化康复景观中，园艺活动更多的是指人们自发进行的趣味性园艺和为调理身体的康复性园艺。

园艺活动最先起源于美国，并且一直深受人们的喜爱。根据相关调查显示，美国有园艺爱好的人超过美国成年人口的40%，这些人平均每周都会花费 3～4 个小时在园艺上，甚至有的还会超过 10 小时。

---

① 香港理工国际出版社主编. 住宅景观 [M]. 武汉：华中科技大学出版社，2011.10：13-15+20.

　　与其他类型的作业疗法相比，如木工、编织等，园艺活动几乎不会给人带来压力。特纳等人经过研究发现，对于50岁以上的群体而言，如果每周至少一次从事园艺活动，其骨密度要高于从事慢跑、有氧健身等活动的群体。另外，人们在研究过程中，还发现土壤中有一种常见的细菌——母牛分歧杆菌，它可以刺激人体产生能够缓解焦虑和抑郁的血清素，在使人心情愉悦的同时，提升自身认知能力。

（二）园艺活动的种类

　　适老化康复景观的园艺种类有很多，为了更好地满足不同健康状态和喜好的老年人需求，人们将园艺活动分成了四类（如图1-6）。

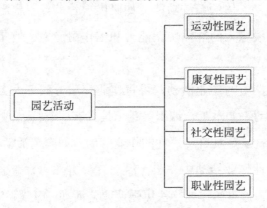

图1-6　园艺活动的四种类型

　　康复性园艺指患者在身体恢复期，受专业人士指导而参加的园艺活动，旨在按照治疗方案完成对应的康复目标。如脑卒中后的半年内需要进行身体机能的恢复治疗，可通过指导患者进行一些康复性园艺活动，提高他们的手指灵活度。

　　在日常生活中，人们主动或被动参与的种植活动都可称为运动性园艺，其目的是改善人体身心健康，提升周围生活品质。如针对心情焦虑、容易烦躁的老人，可让他们种植一些绿色植物，分散注意力，慢慢地，其心态也会变得积极乐观。

一般老年人在退出工作岗位之后，社会人际关系会有明显下降的趋势。慢慢地，他们还会出现抑郁、自卑等消极情绪，希望可以在日常生活中寻找自己的生命价值，此时，职业性园艺活动便发挥着极为重要的作用。老人通过参加园艺种植活动，为社会绿化和自身康复贡献一份力量，致力于为社会做出贡献。

社交性园艺没有具体明确的治疗目标，也不会涉及园艺疗法，大部分都是与栽培植物有关的园艺活动。这种园艺活动有一定的休闲娱乐性，可以促进人与人之间的社交互动，提升人们的生活幸福感。

四、植物疗法

在康复景观的设计要素中，植物的选择与配置尤为重要。尤其是在适老化康复景观中，可以经常看到具有身体保健、预防疾病等功效的植物[①]，从而成为人们恢复身心健康的重要绿色场所。以植物对人的五感刺激为分类标准（如图 1-7），可将植物疗法[②]中的保健植物类型分成五大类，即：听觉型、视觉型、嗅觉型、味觉型和触觉型。

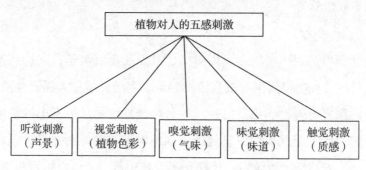

图 1-7 植物疗法对人体的五感刺激

---

① 香港理工国际出版社主编 . 住宅景观 [M]. 武汉：华中科技大学出版社，2011.10：07+11-13.

② 香港理工国际出版社主编 . 住宅景观 [M]. 武汉：华中科技大学出版社，2011.10：22-25.

（一）听觉型

植物通常会在微风细雨、狂风暴雨等外界条件的作用下，发出不同的声响。同时，不同种群的植物也会发出不同的声音，所以给人带来的听觉感受自然也会存在差异。如竹枝的摇摆声，能使人安神凝气，有镇静解热的功效；雨打芭蕉、鸟啭蝉鸣等声音，能让人们感到心旷神怡，有助于身体和心理的舒缓和放松。

（二）视觉型

从现代美学理论来看，不同颜色的植物能够刺激并调节人的大脑，对人的精神产生不同的积极影响，如白色容易使人感到宁静、红色容易让人感到热情等。

不同色彩的植物，对人体的治疗效果也是不同的。如欣赏红色的花能促进人的食欲，欣赏浅蓝色的花可以帮助高烧患者镇静心神，绿色的植物可以消除人的疲惫感等。其中，有研究指出，在人的视野范围中，当绿色植物占比超过 25% 时，人们的视觉疲劳和心理疲劳能得到十分显著的缓解放松效果。

（三）嗅觉型

嗅觉型强调利用植物和风雨碰撞后散发的负氧离子，来达到保健与疗养的目的。如喷泉周围有较高浓度的负氧离子，能使人感到神清气爽，对患者的康复有辅助作用。另外，一些特殊性植物所散发出的精油，也能在一定程度上帮助人们恢复健康。如面对松树锻炼和呼吸，可以起到活血化瘀、安神醒脑等效用；长期在银杏林中散步，可以缓解咳嗽哮喘、胸闷疼痛等症状。

（四）味觉型

目前，我国具有药用功效的植物大约有 5000 种，在人体保健与疗养康复方面做出了重要贡献。其中，不同的药用植物有其独特的味道，如菊花的味道清香、微苦，甘草的味道则相对甜一些。

在适老化康复景观中种植枣树、柿子树等植物，既能吸引人们积极参与到果实采摘的园艺活动中来，又能让他们品尝各自摘到的果实，使其品味鲜美食物的同时，还能收获强烈的满足感。

（五）触觉型

不同植物的叶脉、树皮、枝干等，给人带来的触觉感受也是各不相同的。为了让老人更全面地认识并了解周围环境，触摸极其重要，甚至有些触摸还能够对人体的保健与康复有积极的促进作用。如当手触摸薄荷的叶片时，薄荷所散发出的阵阵清香，对人体有一定的提神醒脑功效。

第二章 康复景观的适用人群与老年人群体的基本特征

第一节 适用人群与适用场所

一、适用人群

中国人口数量庞大，结构复杂。不同人群对康复景观的使用需求也是不同的，只有明确不同使用人群的身心特点，才能设计出有针对性的康复景观，使人保持或恢复身心健康。

从康复景观的使用者来看，康复景观的适用对象[①]主要有以下几种：

（一）老年人

我国已经进入了老龄化社会，并且老年人口数量逐年递增。随之而来的不仅有诸多社会性问题，对老年人生活照料、康复护理、医疗保健等的需求也愈发明显。

从心理层面看，老年人的心理往往呈现出孤独、压抑、犹豫、悲观、感情脆弱等特点；从生理层面看，老年人的身体代谢机能和器官感知能

---

① 香港理工国际出版社主编. 住宅景观 [M]. 武汉：华中科技大学出版社，2011.10：56-62+70.

力都有明显的下降趋势。而康复景观的适老化设计，既能保证老年人群体的安全，还可以对其身心健康的保健与恢复起到很好的辅助性治愈功效。

（二）亚健康人群

由于受到工作、生活环境、行为模式等的影响，社会中有很多处于亚健康状态的人群，所以对这类人群的保健康复需求也日益凸显。

亚健康的病症十分广泛，其中，最明显的几个生理特点主要有：容易生气和焦虑、食欲不振、腰酸背痛、身体各项机能下降等。从心理层面来看，亚健康人群的心理特点主要表现为焦虑不安、自我防御、记忆力衰退等。针对亚健康人群的身心特点设计康复景观，有利于促进他们健康状态的恢复。

（三）儿童和青少年

儿童和青少年群体正处于身心健康发育的关键阶段。与成年人相比，他们更喜欢亲近大自然，更喜欢在户外活动。

这类人群的心理特点比较多样化，如有较强的自我意识和自尊心，叛逆、求知欲和好胜心较强，相对独立等。生理上，青少年的器官感知能力有明显提高，并且在好奇心和求知欲的驱使下，他们更喜欢主动观察、触摸和聆听周围环境，感受环境的细微变化。同时，青少年的身体骨骼也在逐渐增长，行为具有无意识性。针对儿童和青少年群体的身心特点设计康复景观，既可以帮助他们建立对世界的认知，又能对其身体发育、强健体魄起到积极的促进作用。

（四）残疾人群

对残疾人群来说，身体上的残疾能对其心理和行为方式产生独特的影响。如盲人虽然不能依靠视觉获取信息，但其思维能力很强，善于思考，有着丰富的内心世界；而聋哑人只能通过视觉捕捉信息，性格比较直接等。

不同状况的残疾人士，往往有其不同的生理特点。而从心理层面来看，残疾人群往往表现出情绪不稳定、自卑孤独、自尊心较强等特点。只有充分了解并理解这些不同残障人士的身心特点和不便之处，康复景观才能发挥其良好的景观功效。

（五）精神疾病患者

1. 自闭症

自闭症又叫孤独症，大多发生在儿童时期，表现出社交障碍、语言发育迟缓、行为动作单调刻板等症状。根据最新数据显示，到 2022 年 4 月，我国 18 岁以下的自闭症患者至少有 300 万人，其中，大部分的自闭症患者无法接受正常教育。

对自闭症患者的关怀，除了设立相关的教育机构和治疗机构，还要为他们提供舒适、安全的社会公共场所，以便更好地帮助他们逐渐走出阴霾，恢复健康的心态。而作为社会公共空间的一部分，康复景观必然也要为这类人群提供安全、健康的环境，辅助他们康复。

2. 抑郁症

通常情况下，抑郁症患者很少就医，甚至有的人并没有意识到自己已经患病，而且我国的医疗水平有限，不能完全准确地对抑郁症进行识别，所以这就大大增加了这类人群的病发可能性。

因此，与医院等疗养场所相比，抑郁症患者往往更容易参与并体验社会的公共场所。此时，康复性景观便可以发挥自身的作用功效，间接帮助抑郁症患者恢复身心健康。

3. 阿尔茨海默病

阿尔茨海默病的病症表现大多为：思维能力下降、健忘、自言自语、记忆衰退、过分胆小等。康复景观的设计应该更简单、便捷且安全可靠，为阿尔茨海默病患者提供易融入、易参与的康复疗养环境。

二、适用场所

结合上述所提到的适用人群，可将康复景观的适用场所①分成两大类（如图 2-1）。

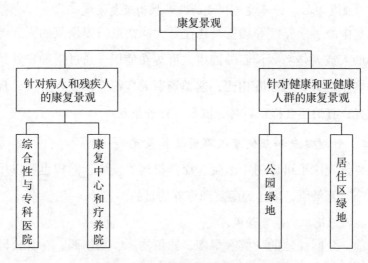

图 2-1　按适用人群分类的康复景观

（一）针对病人和残疾人的康复景观

1. 以综合性与专科医院为代表的医疗机构康复景观

专科医院一般侧重于某一种或少数类型的医学分科医院，如骨科医院等。在使用康复景观的人群当中，既有医生、护士，又有病人和家属，但专科医院的病人通常有着明显的共性特征，所以在设计康复景观时，更多会考虑到同类型患者身体和心理的特殊性需求。

与专科医院相比，综合性医院的规模更大，能处理多种疾病和损伤，但是在用地规划上却显得相对紧张。尤其是户外康复空间占比较小，使用人群却也同样包括了医生、护士、病人和家属，加上病人的患病类型

---

① 　香港理工国际出版社主编．住宅景观 [M]．武汉：华中科技大学出版社，2011.10：68-70+83.

各不相同，所以在设计康复景观时往往更注重景观的普适性。并在这一基础上，多考虑患有多功能障碍的病人，为其健康的恢复提供更多接触自然的机会。

2. 以康复中心、疗养院为代表的疗养机构康复景观

康复中心、疗养院等场所，往往是大病初愈需要恢复的人、患有慢性疾病的人或者是需要调养的健康人群等在使用，通过借助户外景观来疗养并恢复健康。与医院相比，这类场所大多都会设立在郊区、自然景区等位置，有的还会提供森林、温泉等疗养景观。

（二）针对健康和亚健康人群的康复景观

康复景观除了可以用于医院、疗养机构等场所，同样也可以用于居住区、公园等场所，以达到康复和疗养的目的。

1. 公园绿地中的康复景观

目前，公园绿地的种类有很多，如植物园、动物园、综合公园、纪念公园等，而康复景观便在这些公园中占有一席之地。为了给各类群体的使用提供便利，人们往往会将康复景观规划到某个功能区当中，使其更人性化，从而体现出技术的进步和文明的发展。

2. 居住区绿地的康复景观

居住区绿地的康复景观设计，一般是以全龄化为基础的，但也会结合老年人这一特殊群体的活动特征和需求进行设计。毕竟，在居住区户外活动的群体以老年人居多，所以我们在景观设计时常会考虑到老年人群体的生理、心理、行为活动等方面的特殊需求，以充分保障老年人的安全和健康。在景观植物选择上，要选择具有保健功能的植物；在设计景观无障碍系统时，要加强相关使用知识的普及，避免引起老人不安等消极情绪。

第二节　老年人的生理特征

老年人的生理特征主要表现为身体各项机能明显衰退。[1]当人步入老年后，自身的感知系统、神经系统、运动系统等都会呈现出不同程度的下降趋势，这些都是老年人生理机能出现衰退现象的重要表现。

一、感知系统

人的感知能力会随着年龄的增长逐渐衰减，包括视觉、听觉、嗅觉、触觉和味觉，我们将其统称为"五感"。

（一）视觉

在人类的感知系统中，视觉占据主导地位，在人类的行为活动中，有75%以上的是由视觉引起的，通过视觉去辨识事物的形状、距离、颜色、对比度等。老年人的视觉衰退，一般表现为以下几种特征：

1. 视力及其调节能力下降

从老年心理学来看，人的视觉功能及其调节能力会随着年龄的增长逐渐衰退，尤其是在60岁以后，会呈现出急剧下降的趋势。导致该现象产生的原因主要有两个方面：一是人的晶状体逐渐硬化，并且开始变浑浊，从而大大降低了视网膜的通透性，导致物体成像的清晰度下降；二则是老年人的视网膜、视中枢等机能有明显的衰退迹象。

2. 对物体的色彩辨识能力下降

由于眼球老化，老年人的晶状体变浑浊且大多呈黄褐色，发展到后期还会形成视网膜黄斑区结构衰老性改变，也就是医学上的"老年性黄

---

① 　陈崇贤，夏宇. 康复景观 疗愈花园设计 [M]. 南京：江苏凤凰美术出版社，2021.03：12-16+20.

斑变性"。这一变化会让老年人在看到白色物体时，感到颜色偏黄。有研究表明：老年人容易对冷色调的颜色产生色弱，如紫色、绿色等，尤其是很难辨认出处于光谱暗色一端的颜色。但对红色、橙色等的辨识能力并没有明显下降的迹象。

3. 对光的感受能力下降

随着年龄的增长，人体的感光细胞数量逐渐减少。所以，在同一生活环境下，老年人必须接受更多光照，才能感受到和年轻人相同的照明亮度。有相关研究表明：对于裸眼视力在 1.0 左右的老年人而言，如果他们想要感受到与视力相同的年轻人的光照亮度，那么就要接受将近 2.5 倍的照明效果。

4. 对光的敏感度和适应能力下降

已有相关研究表明：当青年人由于眩光导致晕眩眼花症状，仅需要 3 秒左右就能恢复视觉，而老年人在眼花后需要 9 秒甚至更长时间才能逐渐恢复视觉。这表明，与年轻人相比，老年人对光的敏感度和适应能力都有明显下降的趋势。

（二）听觉

正常情况下，人的耳朵是可以接收到 7 米以内的声音的，灵敏度较高。但是对于老年人而言，他们的听觉能力明显下降，并且存在的问题也是非常多的。

有研究结果显示：在美国，大约有 13% 的 65 ～ 75 岁老年人在听觉上存在迟钝，将近 26% 的 75 岁老年人在听觉上有功能障碍。而在中国，大约有 63% 的老年人出现听觉能力衰退的问题，严重的甚至还会出现耳聋等问题。比斯利在研究中提出了"通常情况下，当人超过 50 岁时，听力就会逐渐下降"的观点。同时，我国著名学者孙云章对 72 名 22 ～ 93 岁的被试者进行了听力测试，并得出了结论：语言听力的最小刺激量是随年龄的增长而逐渐提高的，语言听觉理解力随年龄增长而逐渐下降。

其中，70 岁以上的老年人听觉能力下降速度最为明显。

老年人听觉感知能力下降的特征主要表现为：对语言声音的辨识能力下降、听不清高音频的声音、不能完整准确地接收信息等。该能力的衰减，不仅容易拉开老人与周边环境的距离，还会对他们的正常交往、社交沟通造成直接影响。同时，这不仅会为老人群体的远距离谈话、户外活动等带来不适，如因听不清谈话内容而产生误解，还存在一定的安全隐患，如老人对警报声、提示声不敏感，容易造成危险。

（三）嗅觉

与视觉、听觉相比，人类通过嗅觉获取信息的能力相对较差。大部分只有在 1 米以内的距离才能闻到微弱气味，即便是香水或者是其他气味比较浓的，最多也只是在 3 米左右才能闻到。而对于老年人，他们通过嗅觉感知事物所需要的时间比其他年龄层的人群更长。经研究表明，人类的嗅觉灵敏度在 50 岁以后就会逐渐衰减，70 岁以后的衰退程度更为严重。

（四）触觉

与视觉、听觉、嗅觉一样，老年人通过触觉获取外界信息的感知能力也呈现出缓慢下降的趋势。这通常是因为老年人的皮肤和神经系统老化，从而导致人体的触觉敏感度降低。琼斯（Jones）和查普曼（Chapman）对 200 名 10 ～ 85 岁的被试者进行了痛觉阈值测试，发现：随着年龄的不断增长，人的痛觉阈值也会随之升高，而这也是老年人触觉会变迟钝的重要原因。

（五）味觉

与视觉、听觉、嗅觉和触觉那样，老年人的味觉功能也会随着年龄增长而逐渐减弱。这主要是由于舌头表面变得更光滑，以及味蕾数量的显著减少，导致对甜味和咸味等基本味觉的感应力下降。这种变化减少了老年人对味道的整体感知能力。与年轻人相比，在辨别不同味道的测试中，老年人通常显示出较低的准确度和敏感度。研究指出，人类的味觉衰退尤其在 60 岁之后变得更加明显。

二、运动系统

人体的运动系统主要包括肌肉和骨骼，它们是支撑人类行为活动的一大重要保障，并且还会随着年龄的增长而逐渐衰退。[①]

（一）肌肉和骨骼

老年人的肌肉活力明显下降，肌肉组织的弹性减弱，无法长时间地支持他们站立和运动。同时，他们骨骼中的钙离子流失速度较快，骨骼的脆性就会大大增加，所以即便只是轻微的磕碰，有时也能对老人的身体造成伤害，甚至使其骨折。

由于运动系统的衰退，老年人的行动往往相对缓慢，并且还要在活动的过程中停下休息。尤其是当他们在做弯腰、下蹲、手臂伸展等一系列常规动作时，有的需要在拐杖、轮椅等的辅助下进行，以避免因摔倒对身体造成伤害。

（二）运动机能

随着年龄的增长，人类的身体平衡性和敏捷性开始逐渐下降。有相关数据显示：人到 60 岁时的身体敏捷性大约是 20 岁的三分之一，身体平衡性也相当于青年人的三分之一。

三、呼吸系统

从 35 岁左右起，人的肺活量开始呈现缓慢下降的趋势。老年人的呼吸系统一般有两个方面的特征。一方面，由于老年人的肺泡数量减少，

---

① 刘刚，冯婉仪主编. 园艺康复治疗技术 [M]. 广州：华南理工大学出版社，2019.03：22-25.

肺脏组织的弹性减弱，大大降低了肺脏的扩容和回缩幅度，从而导致他们的肺部换气能力降低。因此，老年人群体并不适合进行高强度的运动，否则就容易导致呼吸困难等危险。另一方面，老年人的呼吸道防御能力明显下降，对灰尘、有害气体等的抵抗性降低，从而容易引发慢性呼吸道疾病。

四、中枢神经系统

老年人中枢神经系统的变化原因，通常是由于随着年龄的增加，人的脑重量和脑神经细胞数量逐渐减少，进而出现记忆力衰退、行动迟缓、身体平衡力和敏捷度降低等症状。由于过去存储在老年人大脑中的经验信息，可以在某种程度上弥补他们行动迟缓、功能衰退等的不足，所以很多老人都不愿意离开自己所熟悉的环境。毕竟在他们的大脑中，早就形成了一种"意象地图"，如果想要尝试改变其固有的记忆就会非常困难。

五、心血管循环系统

心血管疾病是老年人群体患病的主要疾病之一，常见的几种心肺疾病主要有高血压、心绞痛、心律不齐等。其主要原因是老年人的心肌收缩力明显降低，心脏的搏动次数减少，大大减少了老年人的器官血容量，进而导致供血不足等症状。

第三节　老年人的心理特征

随着身体各项机能的逐渐衰退，老年人的心理也会发生一定的潜在变化。一方面是因为身体生理功能的逐渐丧失，使得老人的很多行为活动都受到了限制，失落感、无力感等不良情绪油然而生，从而产生消极的心理变化。另一方面则是由于自身年龄的不断增长，老年人的社会角色会逐渐发生改变，闲暇的时间变多，容易使其产生孤独、抑郁等消极心理。

表 2-1 是对老年人普遍具备的几种心理特征的重点分析：

表 2-1　老年人退休前后的生活类型对比

	工作时的生活类型	退休后的生活类型
活动空间	单位	家
社会交往	同事	邻居、亲友和晚辈
生活节奏	紧张	松弛
知识技能	有目标的日积月累	无目标的多向发展
角色扮演	社会角色	自我角色
人际关系	频繁	疏远

一、内心孤独

从老年人的生活转变来看，都是由原来的社会生活变成个体居住的空间生活，面对周围环境的巨大变化，大多数老人的心理和情绪都会产生不同程度的波动。

老人在退休后，社会交际和活动场所的范围明显变窄，有的甚至还会慢慢失去大部分已经建立好的人际关系。尤其是对于独居老人来说，他们的生活空闲时间越多，如果缺乏子女、亲人的陪伴，孤独感和失落感就会愈发的强烈。慢慢地，老人就会逐渐失去精神寄托，甚至还会长时间地处于孤独、空虚等不良状态当中。对于生活自理能力较强的老年人而言，他们往往可以且有能力进入户外环境，通过参加社交活动来拓展自己的社交圈。这不仅能帮助他们消遣更多生活中的闲暇时间，还能促使他们的不良情绪得到排遣。而针对介助老人或介护老人，他们生活的方方面面都需要他人的帮助，所以这类老人的内心孤独感与失落感往往更强烈。

二、心态消极

一方面，从社会生活中退休后，老年人的空闲时间明显变多，但他们往往很难快速适应这样突如其来的生活变化，仍希望与之前所建立起来的社会人际关系保持联系，有明显的怀旧情绪。而另一方面，老人在接受新事物、新的人际关系时，通常都会需要较长的时间才能适应，所以大部分老人不愿意走出户外与新的伙伴和事物去接触。此外，随着老人年龄的增长，身边同龄的朋友、同事等的离世，会让他们联想到自己也要经历痛苦与死亡，有强烈的悲伤情绪和代入感，从而使其心态逐渐变得消极厌世。

三、情绪多变

社会角色的转变、身体各项机能的衰退，都会对老年人的情绪波动造成较大的影响。其主要原因是由于他们感觉自己的生命价值得不到体现，缺乏安全感和成就感，进而容易出现自卑、消极、焦虑等悲观情绪。久而久之，倘若老人长期处于这种不良的情绪当中，就会逐渐形成恶性循环，严重影响老年人的身心健康。

第四节　老年人的行为特征

从目前的情况来看，我国大部分的老年人在退休后选择居家养老。如此一来，老人的生活居住区就成为他们展开活动的主要场所，而户外的景观环境便是他们锻炼、活动、交往的中心。由于老年人在退休后通常会有大量的空闲时间，如果不能根据他们的行为特点合理安排这些时间，往往就会给老人带来不同程度的生理影响和心理影响。其中，老年人的行为主要有以下特征 [①]。

一、聚集性

老年人行为特征呈现聚集性的原因主要有两方面：一方面，是因为老人步入晚年生活后，容易产生孤独感，想要与邻居、其他同龄人交往的意识比较强烈；另一方面，由于不同老人的年龄、文化背景、个人喜好、身体状况等都存有一定的个体差异，所以他们在进行户外活动时，往往更愿意参加一些能接受且自己感兴趣的活动。而这个时候，参加同一活动的老人就更容易相互吸引，并产生共同话题的沟通交流，如舞蹈、书法、下棋、打太极拳等。

这种具有聚集性的户外活动通常还会吸引更多老人围观，既可以进一步扩大自己的人际交往范围，培养自身与外界保持沟通的交流能力，又能收获自我价值实现的成就感与满足感。同时，鼓励老人多参加这种集体性的户外活动，也能使其逐渐形成健康、积极、乐观的生活态度。

二、习惯性

老年人每日的活动时间、活动地点以及活动范围都是有规律可循的。通常情况下，老年人参加户外活动的时间主要有三个：一是早上八点至九点，在这一时间段内，他们一般会做些早起晨练活动，或者静坐呼吸外面的新鲜空气；二是下午两点至四点，这个时候老人刚好午睡结束，有较强的意愿到户外醒神，而在这个时间段内，他们往往会选择进行下棋、闲聊、晒太阳等休闲娱乐活动，不太倾向于强度较大的锻炼活动；

---

① 刘刚，冯婉仪主编. 园艺康复治疗技术 [M]. 广州：华南理工大学出版社，2019.03：66-68+73.

三是晚上七点至八点，此时老人刚刚吃完晚饭，需要散步消食，户外活动的范围相对较小。同时，也有部分老人喜欢坐在舒适、安逸的空间休息凝神。

总之，普遍来看，老年人每天的行为活动有一定的习惯性和固定性，活动方式和活动范围相对局限。

三、私密性

虽然老年人的个人活动领域意识逐渐降低，但不代表他们完全不需要。因此，很多老人更喜欢在相对隐蔽、有一定私密性的场所进行个人活动，如树荫下、墙角等边界性的空间，以增强自身的安全感。

（一）空间私密性的等级划分

按照不同的私密等级划分，可将人们的居住区空间分成公共空间、半私密空间、私密空间三种类型（如图2-2）。

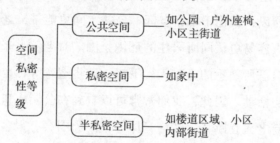

图2-2　空间私密性的等级对应

老年人对空间环境的感知行为表现主要有两种：一个是空间占有，另一个是空间占用。其中，空间占有强调空间区域的私人占用，其他人无法使用这片区域，从物理意义上形成了半私密空间。相较于空间占有，空间占用则是从心理意义上形成半私密空间，通常指人们短时间在某区域内的逗留。譬如，当有老人在路边下棋、聊天时，其他人往往会选择避开这一正在使用的空间区域，从而形成一种短暂性的空间占用。

公共空间主要是指难以占用或者停留的空间区域。如道路中间、人流量较大的活动广场等，这类场所往往很难给人带来私密性体验，所以通常将其归为公共空间。

私密空间是独立的个人所有空间，如老人在家就是完全私密的空间。

（二）老年人行为诉求与私密性空间的关系

当老年人选择不同私密程度的空间进行不同活动时，其行为诉求也在一定程度上反映了他们的心理诉求，一般包括安全感、归属感和舒适感。通过选择并使用合适的私密性空间，来获得相应的自我心理满足。

1. 安全感的需求

通常情况下，人类安全感的心理需求是与空间私密等级紧密相关的。私密性越强的空间区域，给人带来的安全感越有保障，而公共空间中往往有很多不稳定的因素，所以给人带来的安全感体验相对较差。

2. 归属感的需求

老年人普遍害怕孤独，并希望通过参加热闹的集体活动，来让自己融入群体。所以，相比于私密空间，公共空间更能带给老人良好的归属感体验，使人容易更认同所居住的环境氛围。对老年人来说，他们往往更倾向于和自己所熟悉的人聊天、下棋、散步遛弯等，也喜欢坐在公共场所围观各类活动。因此，我们常常可以看到在公园入口处等位置，几乎每天都会有老人在跳舞、锻炼身体等，而周围会有很多老人围观，有的人还会借此机会与周围人交流。另外，当老年人在休息、聊天时，大多数会选择能看到周围人一举一动的位置，因为这会让自己产生良好的参与感体验，缓解孤独情绪。

3. 舒适感的需求

由于老年人的身体各项机能开始逐渐退化，其环境适应能力、免疫力都会有所下降，所以很多老人更喜欢在适宜自己身体的空间区域内活动。如有绿化的舒适座椅、远离嘈杂声的内部道路等，都能给老人带来身体上和心理上的舒适感。当然，老年人的舒适感需求一般与空间私密的等级联系不大，更多的是取决于他们自身的主观意识。比如，有的老人性格热情开朗，喜欢热闹，也喜欢与周围人交往，所以更倾向于在活动广场上跳舞、唱歌等。而有的老人性格谨慎内向，他们更愿意待在私密性较强的空间内活动，而不想坐在相对拥挤的户外座椅上休息。

第五节　老年人疾病与疗养需求

衰老给老年人群体带来的不仅仅是生理功能的改变，同时也在悄无声息地影响着他们的心理情绪。慢慢地，各种老年生理疾病和心理疾病就渐渐显现了出来。

一、生理疾病及疗养需求

（一）常见的生理疾病

从生理特征来看，常见的老年人生理疾病主要体现在感知系统、中枢神经系统、运动系统、心脑血管循环系统、免疫系统以及代谢系统六个方面。[①]

1. 感知系统

感知能力的衰退，大大降低了老年人对周围环境的信息获取与识别判断能力。正常情况下，感知系统的衰退是按照视觉、听觉、嗅觉、触觉的顺序进行的。其中，由于人类主要是通过眼睛和耳朵来获取外界信息的，所以视觉和听觉功能的弱化，对老人的行为活动影响最为严重。

（1）视觉障碍

人类获取信息的主要渠道是视觉。可见，眼睛不仅仅是人类感官中

---

① 　伍后胜，陈孔斌主编．疗养康复手册 [M]．杭州：浙江科学技术出版社，1993.11：23-30.

的重要器官之一，更是人们获取大多数信息的重要源泉。

老年人的视觉障碍一般表现为以下三点：

① 视敏度的退化。视敏度是指人对精细物体的分辨能力。老年人的晶状体经过退化之后一般会近似于扁平状态，难以聚焦入射过来的光线，从而导致他们看不清物体。同时，视敏度的退化也会降低老年人对环境明暗变化的感受与适应能力。因此，当老人从光线较暗的环境中走到明亮的环境时，他们需要适应一段时间才能逐渐看清周围事物。

② 距离视觉的退化。距离视觉是指人对事物距离远近的辨识能力。在辨别物体距离远近时，我们通常是根据事物的相对大小、运动速度、遮挡关系等因素来判断的。倘若物体相对较大且清晰，就会感到距离很近，反之，若物体相对较小且模糊，就感觉距离较远。由于老年人在判断物体相对关系时容易混乱，所以他们往往很难快速、准确地判断出事物的远近。

③ 色觉的退化。色觉是指人对物体颜色的辨别能力。年轻人的晶状体大多呈现透明状，而与之相比，老年人的晶状体偏向于黄褐色。所以，他们看外界物体时，就好像戴上了黄色滤镜，难以辨别出物体真正的颜色。

（2）听觉障碍

在诸多老年慢性疾病中，听觉障碍的患病率极高。而且在各个年龄段中，患有听力障碍的群体绝大多数为老年人。随着年龄的不断增长，人体的听觉器官会和其他器官一样，缓慢老化，并出现听力衰退的生理现象，我们称之为老年性聋。而引发这类疾病的病因相对复杂，不仅与老人听觉感知系统的衰退有关，还会受到周围环境、遗传等因素的影响。

大多数老人的听觉障碍并不是完全听不到声音，而是不能听清楚别人说的话。尤其是当老人身处于相对嘈杂的环境中时，其语言识别能力往往更差，这不仅会严重影响他们的日常交流，还会给老人带来孤独、焦虑、压抑等消极情绪。针对老年人的听觉康复，人们一般都是通过防治听力损失来实现的，同时也会注意预防因听觉障碍而引发的心理健康、交通安全、沟通等问题。

（3）其他感官障碍

老年人的嗅觉、触觉和味觉，同样也会随着年龄的增长而逐渐衰退，大大降低了他们对物体细微变化的敏感度，包括环境气味、物体质地、食物味道等。如此一来，老人与外界环境的联系就会明显减少，不利于他们的身体保健和康复。

2. 中枢神经系统

老年人中枢神经系统的障碍疾病，主要是因为神经系统与脑细胞发生了变化而引起的。人体脑细胞的代谢，通常会产生褐黑素，这种物质可以降低脑细胞的运转效率。当人到了60岁左右时，褐黑素的含量可能会占用人脑的一半容量，从而容易引发睡眠障碍、适应能力差、记忆力衰退、身体协调能力差等问题。此外，人体神经细胞的数量会随着年龄的增长而逐渐减少，致使神经传导的速度降低，从而导致老年人对外界环境变化的反应能力和灵活性降低。

（1）老年睡眠障碍

与年轻人相比，老年人的睡眠总时间有一定的减少，并伴随着睡眠浅、难以入睡、早醒、睡眠质量差等问题。如果老人长期存在这些问题，情况严重的，还非常有可能引发或者加重心脑血管疾病、神经系统变性疾病等。另外，晚上失眠，会增加老人的白天睡眠时间，这不仅加重了老人在夜间难以入睡的情况，还减少了他们白天外出交往和活动锻炼的时间。久而久之，老人的社会心理能力和认知能力就会大大降低，同时也增加了老人因白天精神不振而外出摔倒的风险。

（2）帕金森

帕金森是一种常见的神经系统变性疾病，发病群体大部分是60岁以上的老年人，40 岁以下的发病群体比较少见。

① 临床表现。最先对帕金森疾病进行详细阐述的是英国著名医生詹姆斯·帕金森（James Parkinson），认为该病主要的临床表现有：静止性震颤、运动迟缓、肌强直、姿势步态障碍，同时还可能伴有抑郁、睡眠障碍等症状。

a. 静止性震颤。大约有 70% 的帕金森患者是以震颤为首发症状的，大多表现为：某一侧的上肢远端，在静止时，出现震颤；随意运动时，震颤的幅度减轻或者停止；精神紧张时，会加剧震颤的频率；睡觉时停止震颤。所以，患者典型的主诉为：感觉一只手经常性地抖动，越是放着不动，抖动得越厉害，反而拿东西干活的时候，手就不抖了。

b. 运动迟缓。动作变慢、行动困难等都可被认为是运动迟缓，尤其是在做一些重复性动作时，患者的运动幅度会明显减少。由于人体受累部位的不同，运动迟缓可表现为：面部动作减少，说话吐字不清晰，穿衣、洗漱等比较精细的动作变笨拙，行走的速度变慢且手臂的摆动幅度变小甚至消失，翻身困难等症状。在患病早期，患者常常错误地认为这是肢体酸胀无力的表现，从而被误诊为颈椎病或者是脑血管疾病。因此，当患者逐渐出现一侧肢体无力，并且肌张力有所增加时，应该提高警惕。

c. 肌强直。当人们在检查活动患者的肢体、颈部时，常常会感到有明显的阻力，而这种阻力的方向往往是均匀、一致的，类似于弯曲软铅管。所以，肌强直也常被称为铅管样强直。帕金森患者在肢体震颤时，这种阻力会出现断断续续的停顿现象，类似于转动齿轮。所以，患者能够明显感觉到自己的肢体有发僵、发硬的症状。由于病发的早期阶段，肌强直有时候不容易被察觉，可让患者主动活动其中一侧的肢体，增加患侧肢体的肌张力。

d. 姿势步态障碍。姿势步态障碍一般会在患病中晚期的时候出现，主要表现为患者不易维持身体平衡，路面稍有不平整就有可能被绊倒，可通过后拉试验来检测。检查者需要站在患者的背后，叮嘱患者做好检测准备，并拉牵其双肩。正常人往往可以在后退一步内就恢复正常直立，而姿势步态障碍的患者需要后退至少三步，甚至需要他人的搀扶才能恢复直立状态。

e. 晚期帕金森患者可出现冻结现象。具体表现为：在行走时，可能会突然出现短暂性地无法迈步，感觉双脚黏在了地上，需要在原地停留一段时间后才能继续行走，甚至可能还会无法重新启动。

f. 非运动症状。帕金森患者除了会出现静止性震颤、行动迟缓等运动性症状以外，还可能伴随着焦虑、睡眠障碍、身体疲劳等非运动性的症状。所以，患者总会感到身体疲惫无力、记忆力变差、睡眠质量变差、情绪低落等，而这些都是帕金森非运动症状的典型表现。

② 发病机制。帕金森最主要的病理改变是：中脑黑质多巴胺（dopamine，DA）能神经元发生变性死亡，导致纹状体 DA 含量明显减少，进而发病。然而事实上，引发帕金森发病的原因至今都尚未明确，但年龄老化、遗传因素、环境因素等，都有可能参与这一病理改变过程。

a. 年龄老化。帕金森的发病率和患病率，都会随着人体年龄的不断增长而提高，大多出现在 60 岁以上的老年群体当中，这表明年龄老化与帕金森发病存在一定关联。有资料显示：随着年龄的增加，正常成年人脑中的黑质多巴胺会让神经元渐进性减少，但 65 岁以上的老年人患病率并不是很高。因此，年龄老化只是帕金森发病的一个重要危险因素。

b. 遗传因素。在帕金森的发病机制中，专业学者们愈发重视遗传因素在其中发挥的作用。20 世纪 90 年代后期，人们发现了第一个帕金森致病基因，并在此之后，又发现至少有 6 个致病基因与家族性帕金森疾病存在关联。但在诸多患有帕金森疾病的患者中，仅 5%～10% 的人有家族史，绝大多数是散发病例。可见，遗传因素也同样只是导致帕金森发病的因素之一。

c. 环境因素。美国学者兰斯顿（Langston）等人发现，一些吸毒者有时会快速出现帕金森的典型发病症状。有研究发现，吸毒者所吸食的物品中含有一种名叫 1- 甲基 -4 苯基 -1，2，3，6- 四氢吡啶（MPTP）的嗜神经毒性物质，这种物质可以在人脑中发生转化，并有选择性地进入黑质多巴胺能神经元当中，使其变性死亡。于是，有学者提出"线粒体功能障碍可能是引发帕金森病发的因素之一"的观点，并在后续的相关研究中得到了证实。随后，人们逐渐意识到环境中一些与物质 1- 甲基 -4 苯基 -1，2，3，6- 四氢吡啶（MPTP）结构相似的化学物质，如除草剂、杀虫剂等，也可能是帕金森的致病因素。

（3）阿尔茨海默病

阿尔茨海默病又被称为老年痴呆症，多数见于 70 岁以上的人群，是一种持续性的高级神经功能活动障碍。简单地讲，其实就是指人在没有意识状态的情况下，记忆、思维、空间辨认等发生了功能障碍。该疾病的最大特点就是患者关于思维判断、记忆和学习等的神经细胞出现变性或者死亡，通常会出现抑郁、身体攻击、妄想、睡眠紊乱等症状。

① 引发病因。阿尔茨海默病的发病原因有很多，包括生理因素和社会心理因素。

a. 家族史。在大多数的病学研究中，都认为家族史是引发阿尔茨海默病病发的一大危险因素。与一般人群相比，某些患者的家庭成员更容易患病，并且还可能加大先天愚型患病的概率。同时，有遗传学的研究证实，阿尔茨海默病与遗传是存在一定关联的。

b. 一些躯体疾病。有研究指出，在引发阿尔茨海默病病发的诸多因素中，甲状腺疾病、免疫系统疾病、癫痫等，都可能是引发该疾病的危险因素。有甲状腺功能减退史的患者，往往患该疾病的危险性相对较高。同时，有不少研究表明，精神分裂症、老年抑郁症史等都是引发阿尔茨海默病的危险因素。

c. 头部外伤。头部外伤是指伴有意识障碍的头部外伤。在已有的诸多报道中，该疾病的危险因素以脑外伤居多，并且有相关研究指出，严重的脑外伤可能是阿尔茨海默病的病因之一。

d. 其他。免疫系统的衰竭、身体解毒功能的衰退等生理因素，丧偶、独居、经济困难等社会心理因素，都可能是该疾病的发病诱因。

② 临床表现。阿尔茨海默病的多发人群是 70 岁以上的老年人，主要的症状表现为认知功能下降、精神和行为障碍、生活能力下降等。根据患者认知能力和身体各项机能的恶化程度，可将该疾病分成轻度痴呆期、中度痴呆期、重度痴呆期三个阶段（如表 2-2）。

表 2-2　阿尔茨海默病临床表现

	时间	症状表现
轻度痴呆期	1～3 年	近事遗忘突出、判断能力下降、社交困难、多疑、语言词汇少、对时间和位置定向困难、视空间能力变差等
中度痴呆期	2～10 年	远近记忆严重受损、事物辨别能力严重损害、无法独立进行室外活动、穿衣和个人卫生等需要他人帮助、失认等神经症状、尿失禁等
重度痴呆期	8～12 年	患者完全需要依赖他人照护、记忆力严重丧失、生活不能自理、伴有强握、摸索和吸吮等原始反射

3. 运动系统

人体的运动系统主要是由肌肉、骨骼构成的。随着年龄的增长，人们的肌肉逐渐出现萎缩、弹性变差等问题，导致老人的肌肉收缩力、身体耐力与灵敏度大大降低。同时，人体骨骼中的钙含量也会随着年龄的增长而逐渐降低。对于老年人而言，钙质的流失容易引发骨质疏松，使人的身高发生萎缩，甚至还容易发生骨折等危险。

老年骨质疏松又被叫作退行性骨质疏松，其显著特点就是骨量减少、骨组织显微结构逐渐退化，影响着老年人群体的身体健康和生活质量。

该疾病的主要症状表现为易骨折、关节痛、身高缩短等，是老年人衰老后的常见表现。在人体中，常见的骨折部位是腰椎、前臂、股骨等身体部位，其中，后果最严重的就是髋骨骨折。有数据显示，髋骨发生骨折后，一年内将近有 15% 的死亡率，其余的大约有一半的概率会形成残疾。

4. 心脑血管循环系统

随着年龄的增长，人体的心脑血管系统及功能均会发生一定的变化，所以，与年轻人相比，老年人的身体状态和活动需求还是有所区别的。其中，最主要的特征表现为：老年人的血管弹性、收缩能力逐渐降低，导致发生动脉血栓的病症概率增加；心肌舒张功能下降，使老人的运动能力大大降低且容易疲劳。

50 岁以后，人体的大脑皮层神经细胞开始出现老化，并且还会随着年龄的增长逐渐发生退行性的变化，如脑血管硬化、脑血流量减少等。同时，人脑也逐渐发生萎缩，重量逐渐减轻，使得老年人对外界事物的分析与判断能力下降，并加大了脑局部血液循环障碍的发生概率。

（1）心血管疾病

心血管疾病又叫循环系统疾病，是心脏血管与周围血管疾病的统称，多见于 50 岁以上的中老年人群，有着高发病率、高死亡率、高致残率的显著特点。其中，常见的心血管疾病主要有冠心病、心绞痛、高血压、急性心肌梗死等。从目前来看，即便有着相对完善的现代化医学治疗手段和检测手段，心血管疾病仍是目前引发我国死亡人数最多的一种慢性疾病。由于引发老年人心血管疾病的病因相对复杂，这不仅加大了对该疾病预防的困难，还会给患者家庭带来长期、沉重的经济负担，治疗过程艰巨且持久。

（2）脑血管疾病

脑血管疾病的发生部位是在脑部血管，是一种因脑部血液循环出现障碍而损害人体脑组织的疾病，多见于中老年群体。该疾病的临床表现大多为半身不遂、言语障碍等,像人们常说的脑血管意外、中风、卒中等都是脑血管疾病。

在老年人群体中,常见的脑血管疾病就是脑卒中,具有高死亡率、高发病率、高复发率、高致残率等特点。脑卒中致残后,不仅给患者的生活和工作带来极为严重的影响,还大大增加了家庭负担和社会负担。因此,对于脑卒中而言,早诊断、早预防、早治疗尤为重要。

5. 免疫系统

社会生活方式的改变,影响着老年人的生活和身心健康。譬如,交通方式的进步,让老年人的活动范围变得更加广泛,但出行次数的增加也加大了接触感染的概率。辅助医疗设备的应用,虽然可以延长人体寿命,但是老年人的身体免疫系统及其功能明显降低,这促使他们更容易被病原体入侵和感染等。总之,疾病并不会随着经济的发展和生活质量的提高而逐渐消失,而是仍与年龄的增长紧密相关。

(1)癌症

在医学上,癌症是一种常见的恶性肿瘤,是人体正常细胞在各种因素的长期作用下,逐渐发生组织细胞过度增长而导致的。该疾病可在任何年龄段内发生,具有细胞分化异常、转移性等特点。

目前,相对明确的与癌症有关的因素主要有两大类:外源性因素和内源性因素。其中,外源性因素中,不良的生活习惯、环境污染、天然和生物因素等,均是癌症病发的危险因素。而内源性因素大多与遗传、免疫缺陷、内分泌异常等有关。

(2)老年感染

在危害老年人身体健康的各类疾病中,老年感染也是比较常见的一种疾病。这种疾病的发病范围相对较广,波及人数较多,治疗难度较大,因此,在老年人疾病中占有重要地位。年龄的不断增长,老年人的身体免疫系统功能开始逐渐下降,尤其是高龄老人,身体的免疫系统还会出现不同程度的功能衰退现象。

当然，老年感染也是有自身特点的。与年轻人相比，老年人的感染更多的是持续性感染和机会感染，如潜伏病毒的反复发作、真菌感染等，常见于高龄老人和长期缺乏运动的养护老人中。另外，某些持续性的病毒感染，更容易在老年人群体当中慢性化，使其成为潜在的带菌传染者。

6. 代谢系统

人体的代谢系统及其功能会随着年龄的增长而逐渐衰减，与之伴随的还可能有糖尿病、高血压、肥胖症、高血脂等疾病。老年人的代谢障碍是流行范围极广、患病率增长迅速的一种慢性非传染性疾病，具有高死亡率、高治疗成本的特点，已经给我国的居民健康和社会发展带来了严峻挑战。

（1）糖尿病

老年人的糖代谢功能明显降低，容易引发糖尿病。糖尿病是一种常见的老年慢性疾病，最主要的特征就是高血糖，通常是由胰岛素分泌缺陷或者是其他生物作用受损而引起的。情况严重的，还容易给人体带来各种组织的慢性损害和功能障碍，如肾、心脏等。糖尿病的临床症状主要表现为多饮、多尿、多食、体重减轻，但是由于前期并没有十分明显的征兆，大多数的糖尿病患者并不知道自己的疾病状态。

（2）高血压

高血压作为常见的一种慢性疾病，也是引发心脑血管疾病的一大危险因素，其主要特点就是体循环动脉血压有明显增高，有时还会伴有器官功能损害等症状。老年人的高血压一般属于原发性高血压，由于这种疾病在早期暂时没有比较明显的症状，难以察觉，所以不容易开展针对性的康复治疗。但是在患病后期，容易发生直立性低血压，即老人在进行坐起、蹲起等体位运动时，容易头晕甚至跌倒。

（3）肥胖症

肥胖症是一种常见的代谢症群，是指在生活习惯、遗传、活动环境等因素的影响和作用下，引发的慢性代谢疾病。正常情况下，成年男性的脂肪组织占体重的15%～18%，成年女性的占体重的20%～25%。倘若脂肪含量过高，就会给人体带来巨大的负担。虽然肥胖症可发生在任何年龄段，但体脂所占比例往往是随着年龄增加而增加的，所以，该疾病的患者还是以中老年人群体居多。

如今，社会经济的飞速发展大大提升了人们的生活水平，肥胖症也有了进一步发展。有研究表明，肥胖症通常与高血压、心血管疾病、卒中、糖尿病等多种疾病有着极为密切的关系。

（二）疗养需求

通过对老年人生理特征、生理疾病的总结分析，可以发现老年人群体对康复环境的疗养需求与一般人不同，有一定的特殊性，主要表现在以下四个方面（如图2-3）：

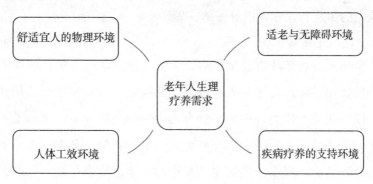

图2-3　老年人的生理疗养需求

1. 舒适宜人的物理环境

人体细胞组织的活性会随着身体的衰老而逐渐降低。而老年人最突出的问题便在于其身体的免疫系统、感知系统等均有不同程度的衰退迹象，所以他们对室外的环境需求和质量有着较高的要求，如舒适的光照环境、宜人的声音环境等。

针对户外物理环境质量的提高，可从三个方面来考虑。一是植物的设计。在户外康复景观中，可通过种植植物来阻隔外部空气的污染，提高周围的空气质量。同时，植物还可以很好地改善户外环境的微气候，使环境更加舒适宜人，更符合老年人的疗养需求。二是光环境的设计。老年人群体更需要通过每天获取充分的阳光照射，来补充身体钙质，所以他们更愿意在阳光充足的区域内活动锻炼。另外，为了保障老人在夜晚也能正常活动，还需要在台阶处、转角处、活动区域等地方，加强夜晚照明的强度，防止老人出现摔倒、磕碰等意外状况。三是声音环境的设计。过于嘈杂的声音环境，通常会给老年人的生理、心理带来一定的不适感，所以，大部分的老年人并不喜欢这种嘈杂的声音环境。与之相比，老人们更喜欢且愿意聆听属于大自然的声音，如流水声、鸟鸣声等，可通过相应的景观设计与应用，来营造生动、宜人的自然声音环境。这不仅可以避免外环境噪声的干扰，还能给老人带来良好的听觉体验，从而为他们的康复和疗养提供舒适的物理环境。

2. 适老与无障碍环境

顾名思义，适老环境就是更适合老人生活居住的环境。这种适老环境的特定使用对象就是老年人，致力于提高老人与环境之间的相互作用关系，以促使老人用更好的生活状态去面对并适应外界环境，最终达到改善老人生活品质、促进老人身心健康恢复的目的。其中，在养老机构中，适老环境更侧重于为不同生理状态的老年人提供帮助，以避免老人跌倒或者是减少跌倒所带来的伤害。与适老环境相比，无障碍环境的适用对象更广泛，除了老年人群体以外，还包括儿童、残疾人等行动不便的人群，致力于为他们的进出道路和使用提供便利。

从老年人的生理特征及其需求来看，户外景观的适老化设计和无障碍设计都是非常有必要的，这都是为了给老人的户外活动、康复疗养带来更多可能性和可操作性。同时，这种环境的设计应用，不仅给予了老人更多尊重，能满足他们的自尊心，还能帮助他们逐渐形成积极乐观的生活心态，使其更愿意融入社会生活当中。

3. 人体工效环境

人体工程学作为适老化康复景观设计的重要理论基础，侧重于研究人体各种行为和活动状态下所需要的空间尺度大小，可以为设施的设计、生活空间尺度的设计等提供比较科学的参考数据。

对于老年人而言，他们生理变化较为明显的就是骨骼系统，主要表现为身高萎缩，因此，他们对居住环境的活动空间和建筑细部往往有着更高、更精细的要求。譬如，活动的空间和流线要合理、要保证户外环境的适老与无障碍设计、道路的长度要合理、道路铺装材料的选择以老年人的需求为主等。另外，由于老年人的身体感知系统和免疫系统明显衰退，在环境设计方面既要有较为醒目的标识牌和危险警示牌，也要有舒适宜人的光环境、声环境和自然生态环境。

4. 疾病疗养的支持环境

老年人的生理疾病有很多，如果可以为他们提供疾病疗养的支持环境，那么其疗养需求就更容易得到满足。接下来就以代谢系统障碍和免疫系统障碍为例，具体阐述老年人疾病疗养的支持环境。

（1）代谢系统障碍——运动疗法

老年人的新陈代谢逐渐变缓，消化、排汗等身体各项机能也有明显衰退的迹象，可通过适当的运动锻炼来提高他们的身体代谢效率。因此，在适老化康复景观中，应为老人的体育锻炼提供相应的运动设施和支持环境，以便更好地促进和引导老人锻炼，从而达到改善其代谢问题的目的。

譬如，糖尿病患者可通过适量、持续且有规律的有氧运动，来控制自身血糖，从而逐渐康复。适合糖尿病患者参加的体育运动有很多，如步行、太极拳等，在景观中提供这类活动场所，更容易吸引老人进行持续性的康复运动。而对于不宜进行激烈运动的高血压患者，可鼓励他们参加一些园艺、太极拳、散步等节奏慢且运动量不大的运动项目。同时，还可以采用芳香疗法来帮助他们控制血压，如在景观中设置园艺活动项目，让老人接触、嗅闻和种植植物，来改善老年人的血压异常。针对患有肥胖症的老年人，可为他们提供能够进行慢跑、健走、散步、跳广场舞等活动的场所。

（2）免疫系统障碍——物理因子疗法

与年轻人相比，老年人的免疫系统和身体适应能力明显减弱，不仅更容易受到感染和创伤损害，同时还极容易受到外界环境变化的影响，如温差变化等，从而引发一系列身体疾病。与湿度大且寒冷的环境相比，日照充足的休息活动场所更适合老年人群体，有利于提高他们的身体免疫力。对此，适老化康复景观应为老人提供通风、开阔、敞亮的休息活动空间，一方面是为了方便老人进行阳光浴，提升其身体抵抗力，另一方面便是尽可能降低细菌感染的可能性。同时，还要种植一些如松柏等有一定杀菌功效的植物，以避免病菌的传播。

而对于患有癌症的老年人，他们的生理和心理都会在经历化疗、放疗等医学治疗之后，变得非常脆弱，并且常伴随着焦虑、抑郁等消极情绪。对此，在景观设计的过程中，应尽可能为他们提供相对安静、私密、舒适的疗养环境。如通过营造树叶沙沙声、潺潺流水声等宜人的声音环境，来帮助老人冥想，使其在冥想、倾诉和祈祷中逐渐放松身心，从而帮助他们树立起战胜疾病的信心。

总而言之，适老化景观的设计与应用，应该充分考虑不同生理状态下的老年人特征和活动需求，并提供相应的机械设施，以保证老年人康复疗养的多样性和有效性。

二、心理疾病及疗养需求

（一）常见的心理疾病

老年人的情绪比较多变，并且还容易产生消极的情绪。有相关研究表明，在诸多因素中，最容易激发老人产生消极情绪的一大因素就是"丧失"，如身体健康、配偶、社会地位、容貌等的丧失。当人刚刚步入老年生活状态时，往往不能很快适应时间、空间等一系列的突然性改变。如所扮演的社会角色从原来的主导地位到现在的辅助地位，从原来的无暇休息到如今的闲暇时间充裕，从原来的社会工作环境变成了现在的生活居住环境等等。如果不能将这些突然性转变处理好，那么就极容易引发老年人出现消极负面情绪。

除了情绪多变，老年人的情绪体验要比一般人更为强烈，并且持续的时间更久。随着年龄的不断增长，人体中枢神经系统的功能开始衰退，并且一般会呈现出过度活动、低唤起水平的特点，相应的调节能力也会逐渐降低，所以老年人的情绪相对稳定一些。但是一旦被激发，想要恢复平静就会变得更困难，往往需要花费更多的时间和精力，因此，与年轻人相比，老年人的情绪体验维持时间相对更久（如图 2-4）。

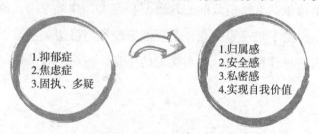

1.抑郁症
2.焦虑症
3.固执、多疑

1.归属感
2.安全感
3.私密感
4.实现自我价值

图 2-4　老年人常见的心理疾病及疗养需求

1.抑郁症

抑郁症是目前一种常见的心理疾病，主要表现为长期、连续性的心情低落，从一开始的闷闷不乐逐渐产生自卑、厌世、消极等负面心理，甚至到最后还有可能出现自杀行为。虽然目前医学界并没有明确阐述出引发抑郁症的病因，但可以肯定的是，生理、心理、社会环境等诸多因素都在不同程度上参与了抑郁症的发病全过程。

抑郁症在老年人群体中的发病率还是比较高的。由于大多数老年人都会因为无法很快适应社会地位、人际交往等的突然性转变，而逐渐产生自卑感、孤独感、失落感等不良情绪，这便是老人出现抑郁情绪的重要原因。有相关资料显示，至少有三分之一的老年人，在退休后会因为生活变化、生理变化、社会和家庭地位的变化，有过或者经常有消极抑郁的情绪。

老年人的抑郁情绪表现主要有失眠、经常抱怨、对他人抱怨不满、灰心丧气等，严重影响着他们的身心健康。如果老人长期处于这种消极、抑郁的情绪当中，那么他们就会逐渐将自我内心封闭起来，渐渐与他人、与社会相疏远，进而形成一种孤独的生活习惯和行为方式。长此以往，他们又会再次进入孤单无助的封闭状态，形成一种恶性循环，最终只能默默承受这些消极情绪给自己带来的痛苦和折磨。老年人一般有着强烈的欲望想要改变自身这种不良的心理状态，但是不敢抱有过高的期待，担心期待越高，所造成的心理落差会越大。如此一来，他们的自我封闭状态就得到了进一步强化，甚至渐渐断绝与身边关系亲近的朋友的往来，给人一种性格孤僻、不易接近的感觉，情况严重的还可能产生轻生的想法。

2. 焦虑症

焦虑症又叫作焦虑性神经病，情绪体验以焦虑为主，属于一种常见的神经症类疾病。该疾病可分为慢性焦虑（广泛性焦虑）和急性焦虑（惊恐发作）两大类，主要行为表现为坐立不安、无明确对象的紧张担心、心悸、尿频等。其引发病因至今尚未明确，不良事件、个性特点、躯体疾病等诸多因素均有可能使人患病。

老年人的情绪焦虑一般表现为恐惧紧张、情绪易怒不稳定、失眠、不自信等特征，情况严重的，还会出现植物神经紊乱等病症。从老年人的角度来看，随着年龄的不断增长，身边的老年朋友常会出现各种身体疾病或者是意外事故。而这些事件的发生，使得老人渐渐加大了对身体和生命健康的关注。但是，如果他们过分关注这些事情，就会逐渐产生对死亡和疾病的焦虑。再加上生活中的矛盾、问题如果也得不到解决，诸多因素的不断积累，也会渐渐让人产生焦虑不安等不良情绪。

3. 固执、多疑

固执和多疑常有老人健康杀手之称。现代医学研究也表明，固执和多疑是一种不健康心理状态，它既能让人郁郁寡欢，也会让人情绪冲动，严重的还可能会发展成为"偏执狂"、精神病等，是目前影响老人身心健康的一大重要因素。

固执就是始终坚持自己的想法，不肯改变。事实上，固执也是有两面性的。一方面，在大是大非面前，固执是坚持正义，体现了一个人坚定不移的决心和意志。而另一方面，固执是盲目自信甚至自大，使人不能听取他人意见，这不仅不利于自己的身心健康，也会给他人和工作带来影响。然而，在日常生活中，人们更多的是将固执看成缺点。有心理学家提出，固执和多疑并不是偶发性的小毛病，而是经过长期过程逐渐形成的一种比较顽固的心理障碍。

部分老年人可能会由于在年轻时对社会做了不少贡献，积累了丰富的知识技能与社会经验，因而产生一定的自负心理。他们常常对自己的能力给出较高的评价，固执己见地认为自己的想法就是正确的，并且还会否认、怀疑他人的思想观点。即便遇到实际情况与自己观点存在冲突的时候，他们有时也不会虚心向他人请教，更不用说听取并采纳他人意见了。通常情况下，固执多疑的老人，常常会拒绝社会新事物，甚至可能还会对社会发展所带来的某些变化持有怀疑和否定的想法。

（二）疗养需求

与生理疗养需求相比，老年人的心理疗养需求并不能十分明显地外化并表现出来。相较于年轻人，老人群体更倾向于归属感、安全感和舒适感的疗养需求，而这些心理需求又与其生活居住的环境息息相关。

1. 归属感的需求

老年人在退休以后，所交往的圈子就从社会圈转向家里邻里，交际圈的缩小，促使他们更加希望自己能够在这个小圈内被邻里朋友接纳，并通过参加一些交往活动来获得一定的自我归属感。因此，归属感常常与老人的社交需求挂钩。

此外，这种归属感除了可以通过社交来获得，还能从环境中获得。由于老年人容易产生失落、抑郁、孤独等消极情绪，舒适宜人的户外环境可以让他们自由享受，使其感到精神愉悦，进而慢慢喜欢上这样的生活居住环境，并产生一种良好的环境归属感。所以，在适老化康复景观中，既要为老人设计具有不同功能的交流与活动场所，也要为他们提供舒适、安静的休憩空间，给老人以充分的身心归属感，尽可能减少老人负面情绪的出现，最终达到提升老人生活品质的目的。

2. 安全感的需求

从老年心理学来看，老年人常会因为生理上的行动不便和身体机能的衰退弱化，出现缺乏安全感等心理问题，使其更加关注自身健康和生命安全。所以，与一般人相比，老年人对环境安全感的需求更为强烈，而这也是老人最基本的疗养需求。因此，在设计康复景观时，要在全龄化的基础上进行适老化设计，以便更好地满足老年人的安全感需求。譬如，可在康复景观中多设置一些无障碍设施，如扶手、栏杆等；地面铺装要做好防滑处理；建设可供遮挡休憩的户外场所等。

3. 私密感的需求

老年人的活动类型一般可分为集体活动、个体活动两大类，而从活动状态来看，老年人的行为活动包括动态活动和静态活动。当老人在进行个体活动、静态活动时，如在相对安静、舒适的环境中晒太阳、闲坐、思考等，这个时候他们一定不希望被他人打扰，所以往往对环境空间的私密性有较高的要求。因此，在适老化康复景观的设计和规划中，要注意考虑老人对环境私密感的疗养需求。

4. 实现自我价值的需求

每个人自我价值的实现，是通过自己的努力付出而得来的，同时也是人最高层次的需求。这个价值不需要多么成功、多么巨大，强调的是一种自我认同感、满足感和幸福感，这对老年人而言，不仅能很好地延续他们的生活热情，还对其身心健康的恢复大有裨益。譬如，虽然老年人的学习能力和记忆力大不如前，但也要保持"活到老，学到老"的心态，可利用充裕的闲暇时间，通过不断地认知来丰富自己的业余文化生活。一是为了避免老人与社会生活脱节，二是为了提高他们对生活的热情。因此，在适老化康复景观中，可为老人专门设计能够展示作品、才艺的平台，以满足老人实现自我价值的疗养需求。

第三章　适老化康复景观的户外活动空间设计

第一节　相关概念

在老年人的生活居住环境中，户外活动空间可以说是康复景观的重要组成部分，并且多样化的空间往往会给老人的生理和心理带来不同的感受。在适老化康复景观中，设计规划不同类型的户外活动空间，既是为了更好地满足老人对空间多样性的需求，也是为其康复疗养提供环境保障。

一、交往空间

交往空间是指人有意愿地参与其中，并进行随机聚集、谈话等活动的半公共空间。从老年人的心理特点来看，他们会随着年龄的不断增长而产生孤独感、失落感和自卑感。而一定的社会交往不仅可以促进老人身心健康的恢复，还能在帮助老人逐渐摆脱这些消极心理的同时，进一步提升他们的自我归属感和环境认同感。由此可见，户外活动空间的设计，不仅仅是老人康复疗养的重要场所，更是缓解其内心孤独和焦虑的一种康复性措施。

交往空间需要结合使用人群的身心特征和周围建筑物来加以设计。

以适老化为基础，可将交往空间分成大规模群体交往空间、小规模群体交往空间、独处空间、过渡空间和边缘空间五大类。

（一）大规模群体交往空间

为了丰富生活、增强体魄，大多数老年人都会在进行户外活动时，选择参加一些具有群体性的活动，如跳广场舞、打太极等。大规模的群体交往空间可供大型群体使用，老年人可以在这种交往空间中认识到很多爱好相同的友人，既可以有效缓解他们内心的孤独感，又能大大丰富老年人的晚年生活。

1. 空间布局

大规模群体的交往空间在空间布局上，一般都位于景观中面积较大且宽敞的中心空旷区。为了保证有不同需求的老年人都能参与其中，在设计这类交往空间时，必须要考虑老年人的便捷性和可达性，尽可能选择有最大交通节点的区域空间作为大规模群体交往活动的场所。同时，不仅要注意该片活动区域与车道之间的距离，以确保老年人的出行安全和活动安全，更要远离景观建筑和居住区，避免打扰他人休息。

除了基本的活动交往空间以外，老年人还喜欢坐在边界空间停留休息，所以，在设计大规模群体交往空间时，也要为老人提供一个丰富多样的边界休憩空间。如可利用植物来加以合理设计，使其形成"夏天遮阳，冬天挡风"的自然保护屏障。需要注意的是，大规模群体交往空间并不是独立的，它与其他户外活动空间有一定的关联性。因此，在种植植物时，除了基本的遮阳、挡风，还要保证老人有通透的视野去观察周围环境，以避免给老人带来不适。最重要的一点，大规模群体交往空间的设计要有一定的辨识性，这是为了给老年人增加活动场所的辨识度，既能强化老人的空间记忆，又能方便找到。一般可通过设计明确、清晰的标识系统，或者是在交往空间内进行个性化设计和无障碍设计，来达到强化老人辨识度的目的。

在大规模群体交往空间中，我们应以老年人的行为活动特点进行区域划分，分成动态活动区域和静态活动区域。这两个区域之间虽然要保持一定的距离，但却不能完全将其分离开来（如图3-1），保证老人在休息时不被打扰且能观看动态区域人们的活动即可，以满足老年人"人看人"的需求。

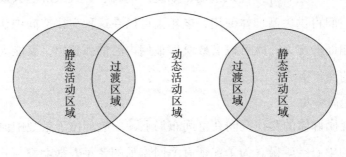

图3-1　动态活动区域与静态活动区域的空间划分

在动态活动区域内，老人可以进行跳广场舞、打太极拳等集体性的活动，主要景观设施可包括健身设施、娱乐设施、植物、座椅、标识系统、雕塑等。而在静态活动区域内，老人可以聚在室外树荫下且有座椅的地方休息、聊天、晒太阳、欣赏周围景色等，主要的景观设施包括大树、座椅、小型雕塑、亭子等。

2.尺度大小

由于大规模群体交往空间需要容纳的人群数量比较多，有20～30人，并且属于动态空间。因此，在设计适老化康复性景观时，要结合活动场所中的活动内容、设施配置等实际情况和人体工程学来合理规划，尽可能保证该空间内的人均活动面积至少为3平方米。比如，老人在动态区域内进行单人活动时，可保证区域直径在1.8～2.1米之间相对合适一些；而双人活动的区域直径则要以2.5米左右为基准更合适。

3.形式

从老年人的心理特征及其需求来看，我们可以发现大部分的老年人都有喜欢观看他人活动的特点。因此，可以为老人提供一些具有高差特点的群体交往空间。一方面，是为了满足老年人喜欢从高处"看人"的心理特征，另一方面，则是为了营造一种空间分区层次感，以满足老人对环境空间的领域感。但是在设计这类具有高差特点的群体交往空间时，要注意无障碍设计，最大限度地保障老人安全。

（二）小规模群体交往空间

对于老年人而言，他们也非常喜欢参加一些小规模群体的交往活动，如 3～5 个人的户外打牌活动、休憩闲聊等。从空间的私密等级来看，小规模群体交往空间是连接大规模群体交往空间和独处空间的重要纽带（如图 3-2），因此，适老化康复景观的设计也要注意小规模群体交往空间的合理规划。

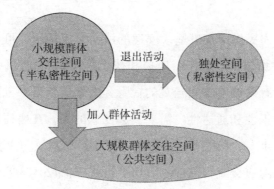

图 3-2 小规模群体交往空间

1. 空间布局

从空间环境的私密性等级来看，适老化康复景观中的小规模群体交往空间属于半私密的活动空间。这类空间的设置一般都会在居住区前的绿地、建筑物的 U 字形场地或直角场地、活动广场附近等位置，其设计的主要目的就是为老人的到达提供便利。与大规模群体交往空间一样，小规模群体交往空间的设计与规划也要考虑到太阳光照、道路铺装、风向、安全等因素，比如可以适当放大道路转弯的空间，方便老人停下来与他人交流，同时也不会影响其他路人的正常通行。

2. 尺度大小与形式

关于小规模群体交往空间的尺度大小设计，一般能容纳 5 ~ 15 位老年人即可，以便老人在该片空间区域内进行打牌、聊天等活动。在小规模群体交往空间中，可利用植物、建筑物或者是景观小品等，来对其进行范围的规划限定，从而给老人带来舒适、良好的空间围合感。同时，还要保证小规模群体交往空间的视线通透和交通畅通，确保老人在休憩聊天时，能观望且能到达其他的活动空间。另外，在小规模群体交往空间与其他活动空间之间，要设计比较明显的标识牌或其他标识系统，其主要目的就是为了方便老人随时前往大规模群体交往空间，或者是随时退至独处空间。

为了给老人提供更加舒适、安逸的活动交流场所，可在小规模群体交往空间中添加树木、亭子、座椅和扶手等设施。其设计的主要目的，一方面是为了有效调节空间景观的视野和微气候，另一方面则是保障该空间区域的辨识性和通达性。需要引起注意的是，在座椅的设置上，必须要考虑到老年人的交往和活动特点，将座椅设置成 U 字形或者是 L 字形，为他们的沟通交流提供便利。切不可将座椅设计成圆形等不利于交流的形式，否则该空间的参与性就会大大降低，从而难以保证老人对此交往空间的使用率。

（三）独处空间

独处空间属于私密性较强的活动空间。与其他年龄阶段的人群相比，老年人因各项生理机能逐渐下降，所以在康复疗养的过程中，他们往往更需要这样的独处空间。此外，有些老年人害怕吵闹的氛围，愿意待在安静舒适的空间内观望、冥想、发呆等。由此可见，在适老化康复景观的户外空间设计中，私密性独处空间的设计尤为必要。

1. 空间布局

由于独处空间有较强的私密性特点，为了满足老年人的独处需求，其位置一般都会设置在景观中的步行道路节点处、宅前活动场地等相对安静的地方。同时也要尽可能避免与主道路交叉，以保证老人的安全。

2. 尺度大小与形式

为了提高空间区域的私密感，设计师一般都会通过树木、构筑物或者是边界空间等手段，来进行标识和规划。在独处空间中，通常会设置1～2人的座椅，可供老人独处，也方便老人和他人谈论私事。值得注意的一点是，即便在私密性空间内活动，老年人也是存在"人看人"这一心理特点的。所以，座椅的布置要有较好的视线通透性，使其能看到其他活动空间和景观环境。而空间的通透性不仅仅是为了满足老年人的心理需求，更是为了在老人发生危险时，家人、邻里朋友等能够及时发现并救治。此外，独处空间要设置明确的导向性标识系统，方便老人到达和使用，也要对道路的铺装进行防滑、无反光处理和无障碍设计，以保证空间的安全性和舒适性。

（四）过渡空间

过渡空间是指能够连接两种不同性质活动空间的特定区域，它既是一个连接室内外的中途点，也是人们生活区域的一个延伸空间。如果将空间比作色彩，那么这个空间就是一种非黑非白的"灰色空间"。在适老化康复景观中设计该空间的主要目的，就是为了带给老人更舒适的活动体验。随着年龄的增长，老人对光的敏感度大大增加，如从室内走到室外，老人的眼睛常常会因为眩光、强光的刺激而感到不适。此时，过渡空间就是连接室内室外光线层次变化的转换空间，从而为老人适应户外环境提供足够的空间环境。在适老化康复景观中，过渡空间包括走廊、建筑的出入口等区域，具有通达、便捷等特点。

过渡空间的设计，不仅仅是为了方便老人有足够的空间适应环境变化，还是一个遮风蔽雨的好场所，让老人可以停在这里休憩聊天，观看户外景观环境。尤其是对于患有残疾障碍的老年人来说，他们虽然没有办法去户外参加各种活动，但可以在过渡空间中观看并体验到户外的感觉。因此，在适老化康复景观中，非常有必要设计一个能够满足老人不同环境需求的过渡空间，并设有大小合理且舒适的座椅。

（五）边缘空间

克里斯托弗·亚历山大认为："如果边界不复存在，那么空间就绝对不会富有生气。"与其他类型的活动空间相比，老年人对边缘空间的喜爱程度一点也不亚于其他空间。因为从老年人的心理特征及需求可以看出，他们更喜欢在私密性较好的空间内停留，这既可以满足老人对空间环境的私密性要求，也能满足他们喜欢观看他人活动的心理需求。因此，在户外活动交往空间的设置上，边缘空间的设计与应用也非常重要，可以是围墙、台阶、柱子、树干等老人常去的地方。在设计边缘空间时，尤其要注意一些细节方面的设计，以吸引更多老人参与其中并使用，如可适当增设一些可供老人休憩的舒适座椅、遮蔽设施等，植物的选用要安全等。

二、健身空间

顾名思义，健身空间就是供人进行身体锻炼和体育运动的空间。而老年人参加户外活动的内容主要为身体锻炼，同时这也是大多数老年人的基本追求。因此，户外健身活动空间的设计要区别于全龄人，既要注意结合老年人群体的不同生理状况和行为活动能力，使其更加具有针对性，又要增加相应服务设施和无障碍的设计。同时，多样化的健身器材能够为不同身体状况的老年人健身提供更多可选择的机会。因此，户外健身空间的适老化设计，除了要满足老年人对该空间的基本需求外，还要注意康复延伸的设计，以便为他们的深度康复提供可能。

（一）集中式健身空间

1. 空间布局

由于集中式健身空间所占用的面积比较大，大约可以容纳30人，所以该活动空间的位置一般都会在景观中心的活动广场，充分发挥该空间区域的可达性，从而为更多老年人的健身锻炼提供场地。同时，也可以将集中式健身空间设置在与景观中心区方便联系的位置。此外，在空间设置上，还要注意综合考虑景观的地形排布，尽可能将其布置成南北向，避免因光线问题而影响老人健身锻炼。

其中，老人在集中式健身空间可进行的健身内容主要有打太极拳、跳广场舞、跳健身操等活动。在老人集中健身锻炼的过程中，必然会产生一定噪声，所以，集中式健身空间的设计必须要考虑噪声等问题。为了减少老人户外健身对居住区的噪声影响，应该将该空间设置在远离人们居住区的位置，避免打扰其他居民的休息和生活。同时，还要注意在周围布置山墙、绿化等来降噪隔离，如可在集中式健身空间内种植乔木和灌木，既能有效隔离噪声，还能为老人提供遮阳空间。

2. 尺度大小和形式

集中式健身空间的尺度大小主要取决于老人健身的数量和健身锻炼的内容。一般可容纳30人，并按照人均3平方米的活动面积，且要结合实际情况来进行设计。

该空间区域的设计形式一般有开放式和半开放式两种，可根据活动类型的不同来临近布置，既要保证老人视野的通透性，同时也要注意避免彼此之间的干扰。譬如，可通过花架、绿篱等形式来进行空间区域的划分，既能保证老人的安全和视野通透性，又能提升健身空间的吸引力，从而为增加老人之间的沟通交流提供条件。

3. 空间配套服务设施

在集中式健身空间的周围，应该设有可供老人休憩的座椅和存放衣物的地方。在座椅的设计安排上，通常可将其排列成"一"字，并配有木质材料的扶手和靠背，旁边也要利用乔木、亭廊、花架等来提供可以遮荫的地方，而这也是划分空间和界定领域的一种重要手段。在道路铺装方面，应选择并使用有防滑功能的材料，如橡胶、平坦坚实的石材等。同时，还可以在铺装材料上绘制一些图案，其目的主要是为了进一步增加健身空间的趣味性和观赏性，为老人带来良好的健身与休憩体验。需要注意的是，道路铺装的接头不应该过大，否则容易让老人跌倒或者绊倒，而对于有一定高差变化的空间区域，则要设计相应的坡道和扶手，为老人的通行提供便利。

（二）分散式健身空间

1. 空间布局和形式

分散式健身空间内一般有很多运动器械，深受老年人喜爱。在空间选择上，首先要考虑的就是可达性。由于部分老年人的体力相对较弱，不能经常性地去离自己较远的集中式健身空间锻炼身体。所以，想要吸引并鼓励更多老人参与进来，就需要保证该空间区域的可达性。通常可将其设置在宅前的空地位置，也可置于步行空间的入口处，或者是邻近集中式健身空间，以确保老人的方便达到和就近锻炼。

分散式健身空间的设计应该采用半私密、半开放的形式，以便同时满足老人对该空间区域的私密性需求和视野通透的需求。其中，位置的选择要确保阳光充足、通风性良好，并且要远离车行道，避免老人吸入车辆尾气。而在空间布局方面，条块状比较适宜，能很好地摆放运动健身器材，并通过设置植物、树木、休憩座椅等，来增加空间的领域感和围合感，以满足老年人对健身空间的需求。

2. 健身器材的选择

由于老年人的活动能力、身体状况各不相同，因此，健身器材的选择应该是多样化的。可在分散式健身空间内设有锻炼和康复两种类型的器材，既可以满足自理老人的锻炼需求，又能够为介助老人和介护老人的身体康复提供条件。

（三）辅助环境

不论是集中式健身空间，还是分散式健身空间，都应该在保证其基本健身功能的基础上，设有能够刺激老人进行挑战锻炼的辅助环境，如老人可达挑战程度的范围内，添加一些有一定挑战性的活动设施等。如此一来，老年人的神经系统可以得到有效刺激，甚至还能渐渐帮助老人提升记忆或者减缓他们记忆力衰退的速度。通过在健身空间内设置这类辅助活动的健身设施，不仅可以帮助老人独立完成有一定难度的身体康复训练活动，提升他们的锻炼积极性和参与感，还能使老人的低落、自卑等消极情绪得到有效缓解。

三、观赏空间

观赏空间是指可供人欣赏风景的空间区域，范围相对较大。苏利文（Sullivan）等人认为：在人们日常生活和居住的环境中所含绿化量越多时，其过激行为越少，对问题的处理能力越高，精神疲劳也可以得到明显减缓，从而感觉生活更有希望。由此可见，富有生命力、花香鸟语的活动空间，能够给人带来焕然一新的感觉，而这也不失为一种吸引老年人走出室外并参与户外活动的有效手段。

（一）观赏空间的层次感处理

处理适老化康复性观赏空间的层次主要有三种方法。

1. 利用空间序列来给人以流连忘返的视觉感受

所谓的空间序列，其实就是指按照一定的流线组织空间，发生起、承、转、合等一系列的转折变化，大多体现在建筑景观上，强调要重点突出变化中的协调美。在人们生活和居住的环境空间中，基础服务设施、绿化、水景系统等各种景观设施，用其自身的形态和位置来影响着人们的视觉感受和心理审美。

（1）空间序列的创造原则

① 整体性原则。在建筑景观中，空间序列的创造是极为重要的一个属性要素，这是景观点（点）、道路（线）、活动广场（面）相互作用、相互融合的结果。因此，不论是具有动态特点的交通空间，还是具有静态特征的休闲场所，都应该从景观的整体环境出发来思考，然后再结合景观实际情况和空间设施来加以重新改造。

② 功能性原则。在适老化康复景观中，公共活动场所就是其活动所在。空间序列的组织和创造，都应该以发挥景观环境的保健与康复功能为最基本的前提，否则这将失去其原本的应用价值。在面对景观中不同的功能需求（如休闲娱乐、交通等）时，我们还要以动态发展的眼光去看待空间序列的组织与创造，以保证景观生态环境的可持续性。

③ 景观性原则。从景观的控制理论来看，适老化康复景观一般包括活动景观和实质景观。其中，活动景观指人们的各种休闲、娱乐、交通、观赏等有一定活动性、规律性和领域性的景观，而这些性质需要利用空间序列的创造来实现。实质景观包括自然景观和人工创造景观，而好的空间序列设计通常能够充分发挥地理优势和自然条件，来创造出富有特色的空间景观。

（2）空间序列的设计手法

空间序列的设计方法一般是围绕轴线来建立点、线、面之间的联系的。

① 点：风景节点的设计。观赏空间与其他空间的连接处和转向处，我们称之为节点。通常可在这些节点位置设置一些小型的景观空间，或者是建筑物、景观小品等能够聚焦人视线的元素，这往往可以很好地丰富观赏空间的空间序列。

② 线：道路的设计。在观赏空间中，我们可以将道路看成一条有着

断续街廊界面的"走廊"，这能在一定程度上直接反映人们居住环境的形象。在这条"走廊"周围，不仅有绿植、树木、建筑物、标识牌等设施，还有路面的铺装设计。这些元素不仅可以给老人以引导和帮助，满足老人对周围环境的认同感和归属感，同时还能起到丰富景观空间的积极作用。

③ 面：空间环境的设计。活动广场一般有着明确的界定领域，地域性较强，需要在其中增设可休憩的座椅、活动设施等内容。而在观赏空间中，一般可通过绿化设计、建筑设计、景观小品设计、道路设计、标识系统的设计等多种方法，来完成观赏空间序列的创造。

2. 充分利用"藏"与"露"，扩大空间

在户外观赏空间中，有很多"藏"与"露"的设计，如利用隔景的方法，将整个空间划分成不同的区域，可通过布置假山、水流、绿篱和树木等，将部分景观元素藏起来或露出来，进一步提升景观的空间层次感，从而给人一种空间很大的感觉。

3. 合理设计景观要素的尺度大小

在适老化康复景观中，观赏空间的占用面积并不像活动广场那样大。那么，在这有限的空间内，我们只有合理设计该空间中的各要素的尺度大小，处理好空间层次关系，才能充分凸显出观赏空间的美感。这不仅可以给老人带来丰富、良好的感官体验，还能使人心情愉悦，提升老人的生活幸福感。

（二）户外观赏空间的造景方式和辅助设施

1. 造景设计

从目前老年人户外活动的形式来看，他们除了基本的身体锻炼以外，还喜欢坐在户外欣赏周围的风景。而户外观赏空间的构成，一般会依托于景观各要素的形式、大小和位置，并通过造景方式来加以区分。如今，造景的方式越来越多样化，如框景、隔景、对景等，并且每种方法给人带来的视觉感受也是各不相同的。

譬如，框景的造景设计，利用了门框、窗框等带有边界性的形式，有选择性地对景观环境中的某一处优美景色进行框取，就像将景色嵌入框中一样，能够重点突出某一处的观赏美景，从而让人产生一种想要进入并一探究竟的欲望。这种造景方式往往可以很好地吸引老人走进观赏空间，使其感到整个景观更加丰富且富有层次感。而隔景的造景设计，能够将整个观赏景观进行不同区域的划分，如可以在该空间区域内适当布置假山、流水、绿植等元素。一方面，能够起到丰富景观空间层次感的作用；另一方面，又能充分满足不同老年人对观赏空间的使用需求。对景的造景设计，强调要发挥对老年人的吸引性和导向性功能，是户外观赏空间中比较具有标志性的景观设施，如休息亭等。所以，对景旁边的道路交通设计，可通过欲扬先抑的方法，来进一步提升观赏空间的趣味性与层次感。

2. 辅助设施

适老化户外观赏空间的设计，不仅仅是为了给人带来美的视觉体验，还必须要考虑到老年人活动出行的路径，使其在保证环境情趣、美观的同时，确保老人容易识别并到达这一空间区域。

随着年龄的不断增长，老年人常常会在晚年时期逐渐出现不同程度的记忆力衰退等问题。所以，户外观赏空间的设计必须要有层次清晰的绿化系统和辨识度较高的标识系统，尽可能减少细碎空间的出现。同时，观赏空间中要有合理的无障碍规划设计，如可通过道路铺装的材质变化和相互交叉，或者是利用不同尺度的构筑物、景观小品等手段对整个空间进行简单划分，从而达到丰富空间环境的目的。此外，在康复景观中设有休憩座椅的位置，也可以与环绕在周围的绿植、树木等共同作用，形成一个小型的户外观赏空间。这既可以美化环境，又可以为老年人提供一个能同时进行美景欣赏和休憩闲聊的舒适场所。

第二节　适老化康复景观的户外活动空间设计方法

一、户外活动空间设计的基本原则

（一）安全性

安全，是提升老年人生活居住品质的基本保障，应在适老化康复景观的户外活动空间设计中占据首要位置。户外活动空间的适老化设计，除了要做好基本的无障碍设计以外，还要根据老年人群体的生理、心理和行为特点，对活动空间、道路系统等方面的细节进行优化设计，以确保老人对该空间的使用过程是安全的、无障碍的。舒适安全的户外环境，能有效激发老年人自愿参加户外活动，使其不易受到外界因素的影响，比较轻松地完成休闲、娱乐以及身体锻炼等活动。

1. 道路设计保证人车分流

随着年龄的不断增长，老人的行动能力有着明显的下降趋势，出行方式大多都是短距离的步行，如果与来往车辆混行的话，那么就非常容易出现安全隐患。因此，为了保障康复景观中道路系统的安全性，应采用人车分流的方式，来避免安全事故的发生。值得注意的一点是，老年人有时会遇到一些紧急危险的情况，这个时候急需要机动车辆到居住区的出入口接送老人。针对这种突发性的状况，我们可以在居住区的单元入口设置一个机动车停车场，解决停车问题，又不会在这种特殊情况下耽误接送老人的时间。

2. 无障碍设计

对于老年人而言，他们常常会因为自身生理和心理条件的变化，与周围环境产生一些矛盾。譬如，在康复景观的户外活动空间中，有些年轻人可以随意使用的事物，但到了老年人这里可能就是一个障碍。因此，适老化康复景观的户外活动空间设计要始终以"适老"为目标，充分考虑老年人的基本特性，积极为他们创造一个安全便利的景观环境。

无障碍设计通常需要从景观的出入口、道路铺装、绿植等各种细节要素出发来考虑。首先，在植物的选择与应用上，应避免使用有毒、有刺激性气味的植物，而是应该选择不会对老人身心健康造成损害的保健植物。其次，在道路铺装方面，路面要平坦，并且尽可能减少高差变化，避免给老人的行动带来不便。倘若无法避免高差设置，那么坡度要尽量缓和过渡，同时也要注意坡道的比例。至于道路的铺装，不宜选择光面的材料，而是要选择防滑的材质进行道路铺装。最后，景观出入口的无障碍设计，应在满足国家建筑设计标准的基础上，尽可能避免使用台阶。如果无法避免，那么还要设置相应的无障碍坡道，并做好防滑处理和护栏处理。

（二）便捷性

在适老化康复景观设计中，户外活动空间、休憩设施、标识系统等都应该考虑到不同老年人群体的使用需求，以确保他们能够便捷无障碍地使用这一空间区域。

譬如，老人的户外健身空间可以与儿童的娱乐活动场所联合起来进行整合设置，让他们能够在照看孩子的同时，参加一些安全的室外健身活动。那么，既然有了户外健身的空间，必然也要有座椅等可供老人休憩的服务设施，为老人的休息提供方便。而在景观中的标识系统设计，除了遵循基本的可持续发展建设理念外，还要尽可能考虑到视力和反应能力衰退、认知能力不足等特殊的老年群体。始终将老人对空间的易识别性作为特殊要求，贯穿到整个适老化康复景观的户外活动空间设计当中，积极构建一个容易让老人辨识的户外活动空间，从而最大限度地满足老年群体的户外活动需求。比如，在对标识系统进行设计时，标识牌的材质要尽量选择亚光面的；其内容的设置可尝试用图文结合来代替纯文字，以提升老人与标识信息的交互性；标识牌的文字颜色要与背景的颜色形成强烈对比，方便老人辨识。

（三）多层次性

在适老化康复景观的户外活动空间设计方面，应对老人交往空间的建设引起重视。尽可能避免建造类型单一、枯燥乏味的户外活动场地，这不仅难以让人有想要停留下来与他人交流的欲望，也没有充分考虑到老年人群体对户外活动空间的多层次需求，是"不适老"的表现。

由于不同老年人群体的活动需求是不同的，在户外活动空间的设计规划中，应尽可能设计富有多样性、灵活性的活动功能空间，旨在给老年人的户外活动提供更多不同的选择。譬如，在空间布局上，应该从老人群体的活动需求出发，分别设置休闲娱乐的交往空间、健身锻炼的活动空间、园艺活动空间等场地，使其形成一个相对完整、功能完善、层次分明、布局合理的户外活动空间秩序。如此一来，这不仅可以大大丰富老年人群体的晚年疗养生活，还能吸引更多老人从室内走向室外，提升他们对居住环境的归属感和认同感。另外，户外活动空间的多层次性并不是只包括空间布局的功能划分，而是要与景观中的植物等要素相互协调，相互依存，以满足老人对植物观赏的多样化需求。一般可通过乔木、草本植物、灌木等绿植的搭配种植，来丰富观赏空间的层次感，从而给老人带来良好的观赏体验。

（四）私密性

当人步入老年期后，其身体各项机能逐渐开始老化衰退，加上他们所扮演的社会角色突然转变成家庭的自我角色，生理和心理的双重改变，使得他们常常会陷入自卑、孤独、不自信等一系列消极的情绪体验当中。对于这类老年人来说，他们更希望有自己的独处空间，不易被外界环境打扰和影响，所以一般对户外活动空间的私密性和独立性有较高的要求。当然，有的老人喜欢独处，必然也有老人喜欢热闹的环境，经常去一些公共场所或者是半私密的场所进行户外活动。这类老年人群体喜欢通过与他人交流来增进邻里友谊，并获取外界信息，以此来消除内心的烦躁、抑郁等不良情绪，丰富自身的晚年生活。

因此，为了充分满足不同老年人群对户外环境的使用需求，适老化康复景观的户外活动空间规划与设计，必须要从老年人的特性和基本需求出发，建造出不同功能和层次感的活动空间。同时也要注意空间的私密性设置，即便是不同私密等级的独立空间区域，也要在某种程度上相互关联、相互渗透，以便满足老人对环境的归属认同感和安全感需求。

二、户外活动空间设计的要点分析

在适老化康复景观中，活动场所、道路、基础服务设施、绿化、出入口等都是占有一定空间的，所以，这些均是户外活动空间的设计要点。具体的设计要点分析如图 3-3。

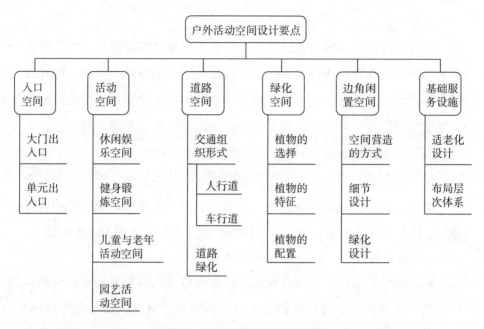

图3-3 户外活动空间的设计要点

（一）入口空间的设计

在生活居住区内，景观的入口空间不仅仅是连接生活居住区与户外活动环境的关键纽带，同时还是老年人聚集、交流与活动的重要场所。所以，怎样让景观的入口空间更具有辨识性，就成为目前户外活动空间设计的一大重点。

通常情况下，我们一般会从生活居住区的大门出入口、单元出入口的角度来考虑景观入口空间的设计，并且要充分考虑到老年人的出行安全、舒适、易识别等需求。其中，针对生活居住区的大门出入口空间设计，除了要确保老年人群体对景观环境的易识别性和安全性以外，还要有一定的形象设计与细节处理，使其更加美观。而对于单元出入口空间的设计，则要结合老年人的特性和户外活动需求，以确保不会给老人的日常生活带来不便和不适。

1. 大门出入口

景观大门出入口的形象设计，一般都要求尽可能与内部的建筑物大小、风格、色彩等保持协调和统一，旨在从整体上给老人带来一种和谐感和舒适感。在设计时，可充分结合当地的本土文化特征，使大门形象所呈现出的视觉效果更具有地方特色，这既能够增加景观的辨识度，又能为广大老人群体在现代化的社会中留下怀旧的元素。

此外，由于大门出入口还连接着居住区与外界街道，所以在对其进行适老化设计时，也要考虑到老人的进出通行的安全性。如可采用智能开启大门的方式，来阻挡和控制车辆的进出，从而保证老人群体的安全。

2. 单元出入口

居住区的单元出入口可以说是老年人经常进入的重要场所，使用频率最高。该空间的设计既要满足国家建筑标准，也要以适老化为目标，充分考虑到老年人的户外行走需求，为其创造一个无障碍的、舒适便捷的出入环境。譬如，可在单元出入口位置设置一个防雨棚，为老人提供能够遮风蔽雨的空间，同时还可以通过富有特色的道路铺装、布置绿植等方式，提高单元出入口的识别性，方便老人辨识。在高差设计时，除了台阶，还要增设无障碍的坡道，并在坡道两侧添加护栏和温馨提示，地面也要做好防滑处理，以确保老人的外出安全。此外，考虑到老人的视觉功能逐渐衰退，单元出入口的照明标识系统也要加强。

（二）活动空间的设计

在适老化康复景观中，活动空间作为老人锻炼身体和参加户外活动的主要场所，一般包括休闲娱乐空间、健身锻炼空间。但是随着我国老年人口的不断增多，这两个空间早就不能满足老人群体对户外活动的多样化需求。所以，在活动空间的设计与规划上，还应该增设亲子活动、园艺活动等户外活动空间，并根据不同空间的功能性对其进行细节处理，使得这些活动空间更加适老化。

1. 休闲娱乐空间

休闲娱乐空间作为康复景观的重要活动场所，可以承载老人各种休闲娱乐活动，如跳广场舞、打太极拳、下棋聊天等。因此，该活动空间的设计必须要满足老年人群体对环境使用的安全性、易达性和交流性等需求。

其中，在设计时应注意两点。一是大部分老人都非常注重自身的健康保健，喜欢在闲暇时间到户外参加一些休闲娱乐的活动。所以，户外休闲娱乐空间的设计既要有充足的光照和优美的绿化景观，也要注意空气的流通性和视野的通透性，同时还要设置能够遮风蔽雨的场所，从而为老人参加户外活动提供充分保障。二是空间内的铺装应该以硬质铺装为主，并尽量选择防滑、防眩光的材料。在设计时，要注意材料、色彩和图案等细节方面的合理搭配，创造出更容易让老人识别的活动景观。同时，要注意考虑老年人对空间的私密性要求，适当划分出有一定私密性的休憩场地，并在周围设置可供老人休憩的木质座椅，为老人在活动后的体力恢复提供便利。

2. 健身锻炼空间

对于老人而言，当他们退休离职以后，常常会感到自己的日常生活很无趣，而且自己的价值也无法在社会中得到体现，慢慢地，他们还会感到生活逐渐失去了意义。而另一方面，年龄的逐年增加使得老人的身体各项机能开始下降，适当的健身锻炼能在调理老人身体状态的同时，帮助他们缓解自身的消极情绪和压力。因此，健身锻炼空间的规划设计，既可以很好地帮助老人合理支配闲暇时间，使其生活方式更积极乐观，又能通过身体锻炼来提高自身的免疫力，为老人的健康保健提供可能。

为了充分满足不同老人对该空间环境的使用需求，户外健身锻炼空间的适老化设计必须要考虑以下三点：

第一，由于老人所参加的户外活动类型往往是多样化的，所以健身锻炼空间的规划要尽量与其他活动空间连接起来，增加各活动空间的互动性。同时，要注意布置多样化的健身器材来供老人选择，并对健身器材的细节之处做好适老化处理。比如，可选择一些防滑、耐磨的铺装材料，满足老人运动时的无障碍性。

第二，健身空间的场地要选择开阔、平坦、光照充足且空气畅通的地方，为老人的强身健体提供最基本的条件保障。同时，还要尽可能避免或减少有一定高差变化的地形设置，以保证老人的出行安全和健身安全。

第三，在健身场地的周围，应当配有可供老人休息的场所和其他服务设施，如舒适的木质座椅（要有靠背和扶手）、垃圾桶、放衣服的廊架等。当老人锻炼结束之后，还可以坐下休息或与他人聊天。

3.儿童与老年活动空间

在单独设计老年活动空间时，应始终以老年人群体的需求、特征和喜好为基础，对该环境空间进行特殊处理。一是要充分考虑老年人对环境空间的视野通透性需求，将老年活动空间与其他活动场所联系起来，并尽量保证老年活动的服务设施能够分布在景观各个场地。如此一来，即便老人在散步聊天，也能就近找到合适的场所去休息。二是要结合不同老年人的行为特点去设计，将老年活动空间分成静态活动场地和动态活动场地。前者可让老人聊天、晒太阳等，而后者可让他们进行一些打乒乓球等动态活动，以满足老人群体的多样化需求。其中，在空间设置上，要尽量设置平坦遮荫的场地，避免坡道、台阶等的出现。如果地形高差设置不可避免，那么就要设置相应的坡道、扶手和护栏等无障碍设施。至于道路的铺装材质，应选择具有防滑、防眩光功能的材质，致力于为老人群体创建一个安全、舒适且有一定私密性的活动空间。三是为了给老人带来舒适的休息体验，在活动空间内布置木质且有靠背和扶手的休憩座椅时，应与植物、树木等配合安置，以保证夏天有遮荫的效果，冬天有充足的光照。

需要注意的一点是，在户外活动最为频繁的两大群体是老人和儿童，并且这两者之间还存在着密切的关联性。考虑到有些老人喜欢带着小孩儿外出活动，因此，除了要单独设立老年活动空间之外，还应该考虑将其设置在靠近儿童游戏的空间。这样设计的主要目的就是为老人带娃提供方便，因为即便老人在老年活动空间内活动，他们也可以随时在这里观望到孩子的游戏过程。在这里，我们重点针对儿童活动空间的适老化设计进行阐述。在儿童活动空间设置上，除了要考虑不同年龄段孩子的喜好和对游戏环境的要求，还要设置充足的木质座椅，旨在为带孩子的老人提供休憩场所。

4. 园艺活动空间

园艺活动空间的规划设计，可以让老人在园艺种植栽培的过程中陶冶身心，增加老年群体之间的相互交流，既能消除老人内心的孤独感，又能满足老人实现自我价值的需求。在设计该空间区域时，应注意以下几点：

第一，应根据居住区场地空间分布的实际情况去设计。一般可选用部分绿地空间或者是尚未得到利用的消极空间，将这些空间重新改造成园艺种植活动空间。同时，还要设置不同的种植平台和欣赏花草的木质座椅，以吸引更多老年人来参加园艺种植活动。

在前期，可由相关的管理人员统一维护和监管，并鼓励老人积极参加植物领养种植活动，让老人通过种植增加与他人、与大自然的交流，从而进一步提高老人对生活环境的认同感和归属感。到了后期，责任心就会驱使着老人主动参与对园艺活动空间的自主管理与维护，这个时候管理人员仅需要从旁协助即可。

第二，应注重该空间的无障碍设计，保证老人在使用过程中的安全性和便捷性。譬如，在选择植物的种类时，应避免使用对老人身体有害的植物，如带刺的、有刺激性气味的等。在规划铺装、座椅等设施时，除了要保证无障碍性，也要保证视野的通透性，并且在空间的周围设有紧急呼叫系统，当老人遇到突发状况时，能够被人及时发现。

第三，应定期在该空间内开展与园艺有关的各种活动，如植物种植知识讲座、花草种植日等。一方面，是为了让同样喜爱种植花草的老年人相互交流，分享各自的种植经验和心得体验，增进人与人之间的交流。另一方面，便是让老人为整个居住环境的绿化贡献出自己的一份力量，既可以享受生活的乐趣，又能实现自我价值，一举两得。

（三）道路空间的设计

在户外活动空间中，道路空间能够将景观中的每个空间都连接到一起，是最基本的空间构建框架。它不仅可以疏散周围交通，还能为老人营造一个相对安静、安全的户外环境。在设计道路空间时，除了要考虑道路交通的组织方式，还要注意旁边的绿化设计，以确保该空间区域的艺术美感。

1. 交通组织形式

在生活居住区内，最主要的道路交通组织形式就是人行道和车行道。而解决人流和车流之间的矛盾问题，可以大大减少老人在道路行走过程中的安全隐患。从目前解决道路交通问题的方式来看，大部分景观都采取了人车分流的方式，将人行道和车行道分离开来，使其相互独立。

人行道空间的设计，应尽量与单元出入口、健身空间、休闲空间、活动空间等贯穿起来，方便老人可以顺利到达各个空间去开展户外活动。当然，景观中每个空间的距离设置要考虑到老年人的体力，步行的时间不宜超过10分钟。同时，还要在中途设置可以休息的场所，所以路宽设置在2.5米左右即可，并且要保证路面平坦，路面铺装的材质要防滑、防眩光，这样才能给老人的出行带来安全感和舒适感。

为了不影响老年人的生活和出行，车行道空间的设计，应尽量沿着主干道设置，避免穿越每栋建筑区域。同时，在路面上要设有减速带，并对进出车辆加强管理，以确保老人日常出行和户外活动的安全。而关于车辆停放的问题，应分别设有停放非机动车和机动车的场地，以解决人车矛盾的问题。

2. 道路绿化的设计

道路是老人日常散步、参加户外活动的必经通道。沿着道路来设计绿化环境，不仅仅是为了美化空间环境，更是遮阳挡风、降噪防尘的重要手段。在设计道路绿化时，应注意以下两点：

一是可以考虑种植富有当地特色的植物。通过利用植物来构建富有生命力的自然生态景观，使其与道路两旁的服务设施、建筑物等相互结合和作用，共同形成错落有致的道路绿化空间。而在种植植物时，也要考虑周围的空间环境，将乔木、灌木等不同的草本植物组合配置，从而增加不同单元道路空间的差异性，形成独特的道路绿化特色，方便老人辨识自己所居住的单元。

二是要注意最大限度地发挥道路绿化功能。譬如，道路空间的设计可通过种植不同花色的灌木植物来强化道路的延伸方向，为老人的行走提供视线引导。小路的设计一般比较曲折多变，所以可选择多样化的树木种植，并适当搭配木质座椅，为老人的行走提供遮阳和坐下休息的场所。而在种植树木时，宜选择无毒无刺、少病虫害的树种去种植，并且要保证安全视距。

（四）绿化空间的设计

与年轻人相比，老年人对植物的变化更敏感，并且他们更容易与花草树木建立密切关系，且感受到植物对自己的回应。从老年人的角度来看，植物不仅仅具备较强的观赏价值，而且它们可以给自己带来舒适的感官体验，有助于缓解或消除自身焦虑、紧张等不良情绪。比如，微风吹动树叶所发出的沙沙声、夏天树木下的绿荫、花朵所散发出的芳香等，这些都能在一定程度上帮助老人舒缓身心。而为了增加老人与植物的有效互动，还需要注意以下三个设计要点：

1. 植物的选择

在选择植物时，需要考虑到适老化康复景观中绿化空间的主要服务对象是老年群体，尽可能将杀菌、保健功能放在首要位置，避免种植刺槐、火棘等有毒、有刺的植物品种。同时，景观中的植物除了要有观赏性和杀菌保健功效，还要考虑到植物对周围环境的适应能力、所产生的生态效益等，因地制宜地种植绿植，从而使得景观的生态效应发挥到最大。

2. 植物的特征

通常情况下，植物的高度设置要以老年人近距离欣赏的舒适性为主，让老人视线可达、触手可及，以此来吸引他们的注意力，并与植物产生互动。而对于那些距离较远的植物，就需要有一定独特的色彩、外形或者质感，才能吸引老人的目光。因此，在对景观绿化空间进行规划设计时，应尽量通过借助花、果等独特的色彩和外形，来达到提升空间生命活力的目的，从而强化该空间区域对老人的吸引力。还可以重点在老人活动相对频繁的场所，种植一些红色、黄色、橙色等明亮色系的植物，如一串红等，以此来吸引老人与之互动。

当然，除了视觉上的吸引，我们还可以利用植物来刺激老人的体感和嗅觉，从而达到吸引老人注意力的目的。如种植茉莉花、山茶、金桂、薄荷等有相对明显气味特征的植物，通过芳香疗法来帮助老人逐渐恢复身心健康。

3. 植物的配置

在植物的配置上，需要考虑两个方面：植物和老人群体。一方面，要考虑植物的季相变化和生长环境，注重种植形式的灵活性和多样化，通过乔木、灌木、草本植物、藤本植物等的有机结合，因地种植合适的植物。另一方面则要考虑老年人的身心需求，利用植物种群来营造有一定私密性的空间，以满足他们对空间环境的私密性需求。同时，对于树种的搭配，还要考虑到四季的环境变化，尽量营造"四季常青、三季有花"的绿化空间。

（五）边角闲置空间的设计

由于各种原因，我们常常可以在景观中看到很多被闲置下来的空间，有的可能杂草丛生，有的可能堆满了垃圾，难以真正发挥出景观对人们的作用价值。针对这部分空间的激活设计，可从以下几点来考虑：

1. 空间营造方式

在适老化康复景观中，边角闲置空间的设计需要始终以老年人对空间环境的需求为主，突显出景观的人性化建设。因此，我们可以先对景观中的边角闲置空间价值进行评估，找到最有使用价值的空间，并将其改造设计成公共活动场所或者是亲切宜人的积极空间，以吸引老人在该空间内活动。如可设置成儿童游戏场地，并配有舒适的休息场所，为老人带小孩外出活动提供娱乐和休息的场所。

2. 细节设计

边角闲置空间的细节设计，大多体现在是否将老人的舒适性和安全性考虑在内，其实就是指是否能够满足老年群体对环境的使用需求。由于边角闲置空间有一定的消极性，可尝试利用具有当地文化艺术的手段来将其激活，使消极变积极，以此来提升老人对该空间区域的归属感和认同感。同时，为了给老人的使用和休息提供方便，除了要做好无障碍设计，还要提供可供老人休息的木质座椅等服务设施。

3. 绿化设计

在该空间的绿化设计上，可通过乔木、灌木、草本植物、藤本植物等的相互搭配和作用，来提升空间层次感。一方面，植物的选择应该结合当地的气候条件，选择适宜的本土树种等种植，以便通过绿化景观来突显出该空间的地域文化特色。另一方面，植物的配置要尽可能保证多样性和层次感，使其形成疏密有致且通透性好的绿化空间。

（六）基础服务设施的设计

在适老化康复景观中，户外活动空间的适老化设计并不是单纯的空间设计，还应该对包含在内的基础服务设施进行设计。由于老年群体对生活居住环境的要求具有特殊性，空间形式、位置分布以及设施内容等，都应该合理设计。

1.加强适老化设计

随着年龄的增长，老人的视觉、听觉、体能等都有不同程度的衰退，这使得他们对基础服务设施的质量提出了更高的需求。因此，为了给老人提供一个可以弥补自身条件的生活居住环境，除了要加强安全、舒适、便捷的空间环境设计以外，还要强化基础服务设施的舒适性、无障碍和适老化设计，以此来满足老年群体的心理和活动需求。

2.完善设施的布局层次体系

现代化社会的不断发展，大大提升了人们的生活品质，康复景观中的基础服务设施也越来越完善，使得老人对服务设施的使用需求发生了一定转变，即：从原来的物质享受体验逐渐转变为精神层面的享受和体验。如今，基础服务设施的设计，不仅要求要具备基本的服务功能，还要求可以满足老人的观赏性和娱乐性需求。因此，细化并完善基础服务设施的空间布局就显得尤为必要。可采取多层次的分布方式，按照集中、分散相结合的原则进行布局优化，以提高设施的服务质量和使用频率，从而在满足老人多样化使用需求的同时，进一步丰富景观的空间环境。

三、户外活动空间优化设计的方法

对于老年人而言，舒适安全的户外活动空间是促使他们走出室外的基础保障，所以，对户外活动空间进行优化设计有其自身的重要意义。

（一）丰富空间形式和层次感，整合空间

为满足老年人参加户外活动的多样化需求，我们需要对景观中的各个空间进行合理规划，按照老年群体对户外活动空间的使用方式和需求去设计。如通过设置交往休闲空间、健身空间、观赏空间等，来保障空间形式的多样性和丰富性。同时，也要对边角闲置空间进行规划整合，使景观中原本消极、闭塞的空间得以激活，以此来提升空间的层次感。值得注意的是，每个空间的规划应该是相互关联的，可通过复合渗透的设计方式，保证老人的视野通透性。如此一来，整个户外活动空间对老人的康复疗养价值才能发挥到极致。

1. 空间结构应主次分明

与年轻人相比，老年人的记忆力和方向感相对较差，所以他们通常对道路的可识别性有较高要求。一个合理且容易识别的空间结构，往往可以很好地帮助老人寻路和定位，从而使其对该空间环境产生一定的归属感。为了方便老人寻找路径，很多景观的空间结构设计非常注重主次分明，如放射状的空间结构设计可以增加周围环境的易识别性和方位感，而其轴线设计也能通过一些简单的标识系统来提高空间场地的方位感。通常情况下，都是由一个中心区域在景观中占据主导地位，并配有相关的空间导向标识系统，方便老人识别，而周围则是比较小的活动区域（如图3-4）。

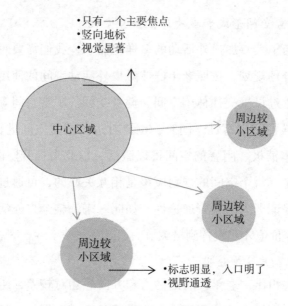

图 3-4　放射状的空间结构设计

　　对于建筑密度比较大的生活居住区而言，可以在条件允许的情况下设置这类空间，不仅能够为老人的户外活动提供场所，还能使整个空间环境更清晰明了。同时，每个活动空间都应该保证视野的通透性，还要分别设有比较明显的标识系统，方便老人寻找和定位。而针对一些比较重要的活动地点，如出入口、边缘空间等，需要借助道路铺装色彩的变化或者是材质的变化，来给老人以指示，帮助他们找到正确的出行路线。

　　2. 空间种类应复合多样

　　为老人提供多样化的户外活动空间和设施，能够吸引更多不同年龄段的老人群体走向户外，使其自发地参加最适合自己身体状况的活动。

　　首先，要为老人提供具有不同私密等级的户外活动场所，并合理设置空间的尺度大小。既要设置尺度较大的公共活动空间（具有开放性），如中心活动场地等，方便老人参加一些大规模群体的交往活动，同时也要设置尺度较小的活动场所，如宅前绿地、组团绿地等，以满足老人对不同私密性空间的使用需求。同时，也要考虑到有些老人的交往能力和活动能力较差，喜欢独自欣赏风景或晒太阳，所以也要设置可以供人独坐的座椅。其次，要尽量保证活动空间的复合渗透性，其核心理念就是以满足老人视野通透性为主。可在公共活动场地的附近，设置一个小型的休憩空间，让老年人在休息或交谈时也能看到他人活动。如在跳广场舞的场地旁边设置舒适的木质座椅，并配有适当的植物遮蔽，既可以让老人观望到热闹的娱乐活动，也不会影响他们与其他人的对话交谈。最后，要注意老年群体自发形成的户外交往空间的优化，如单元出入口、道路转弯处等，这些都是老人容易自发停留的地方。我们可以为他们提供座椅、绿植等休憩和服务设施，以满足老人对空间环境的使用需求。此外，由于老年人的生理机能逐渐下降，对环境变化的适应能力有明显的衰退，所以室内外的过渡空间设计也非常重要。如可在单元出入口设置棚架和扶手，让老人逐渐适应从室内走向室外的光线变化，条件允许的话还可以配有木质座椅，方便老人稍作休息和观看他人活动。

（二）完善道路交通组织系统

混乱且环境较差的道路组织系统，常常会让人感到不适，不利于老年人的外出活动和身心康复。[①]想要构建对老年人友好型的道路组织系统，就必须要根据老年人群体的生理、心理和行为特征及需求去设计，明确人与车的道路关系，从而为他们提供安全、便捷的道路环境。

1. 构建循环交通系统

步行是老年群体外出活动的常用形式。步行交通系统的设置不仅仅是老人外出交往的重要基础，更是连接各个活动空间、出入口的纽带，是老年人群体使用频率最高的重要场所。但是，对于老年人而言，过于混乱的步行路线容易让他们迷失方向，进而使人产生一种不安全的感觉。

---

① 王晓博著. 康复景观设计[M]. 北京：中国建筑工业出版社，2018.07：81+85-90.

尤其是遇到严寒酷暑、风霜雪雨等恶劣环境时，长时间的步行和对空间环境的不熟悉，都会大大增加老人出现安全事故的概率。

因此，适老化康复景观中的步行交通系统除了要人车分离，还要建立一种结构明确、容易识别的模式，如循环交通模式，这种模式的总体布局有一定的支线功能和收集功能。譬如，可以将各单元前的步行道集中到组团中心的道路上，然后再将组团中心的步行道集中到其他活动空间的道路上（如图 3-5）。如此一来，不同性质的步行道路系统都能形成一个环路，可以让迷失方向的老人重新回到出发点，从而形成一个合理的循环交通系统。同时，要注意在通向公共活动场地的道路附近增设一些有趣的景观小物、休憩设施等，让老人可以从心理上感觉步行的长度有所缩短。

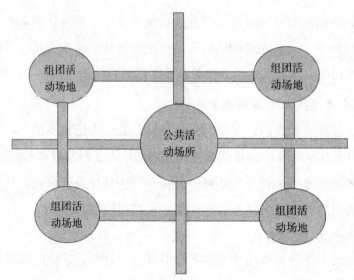

图 3-5　循环交通模式

2. 步行空间的优化

在诸多老年人的户外活动中，散步最为常见，可以让老人在锻炼身体的同时满足其与邻里交往的需求。然而，大部分老人都会有迷失方向、

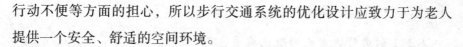

行动不便等方面的担心，所以步行交通系统的优化设计应致力于为老人提供一个安全、舒适的空间环境。

（1）优化路线

在步行空间中，老年人的户外活动通常包括娱乐性质的活动（如散步、健走、跑步等）和必要性的活动（以交通为目的）。

必要性活动对于老年人而言，往往对空间环境的要求比较少，其优化应优先考虑老人转弯、靠右通行、抄近路等习惯，尽可能减少路线的迂回性和高差设置，以便给老人带来良好的步行体验。其中，主要的人行步道宽度应尽量大于两辆轮椅并排通过的宽度，次要的人行步道宽度可设置在 1.5 米左右。而针对具有娱乐性质的步行路线优化，应以老年人的散步、锻炼等需求为目的来加以设计。由于老年人的体力较差，方向感和视力都有明显的下降，所以该步行空间路线的设计应呈环形路网的形状，并且具有互通互达性。同时，道路路线的设计不宜设置太多分岔口，且在道路交叉口和拐弯处还要设有标识牌或景观小物等具有引导性的标识系统，方便老人寻找路线和定位。

（2）节点、高差、铺装材料的优化

首先，由于老年人的体力相对较差，再加上漫长、笔直的步行路径往往更容易给老人的身心带来疲劳感，所以应设置适当的步行距离，或者在周围增设丰富多样的景观标识，帮助老人缓解心理疲劳，使人产生一种步移景异的感觉。其次，应减少地形高差变化的设计，如果无法避免，可通过增设坡道和扶手的方式来解决，方便老人行走。最后，对于老年人来说，传统普通的铺装材料对其出行有一定的不便，要么不利于轮椅的通行，要么容易让拐杖陷入泥土当中等，从而容易限制老人的出行。因此，步行道路铺装应始终以老年人出行的安全需求为主，并使用不同形式和色彩的材质来铺装，既可以美化道路，又能提示老人高差变化和空间转向。此外，在道路铺装中设有适量按摩卵石，可以很好地提升老年人户外活动的趣味性。

（三）创建舒适宜人的绿化观赏空间

在适老化康复景观的户外活动空间中，随处可见的便是各种绿化空间和自然景观。舒适宜人的绿化环境不仅可以提高老人生活居住的环境质量，还能帮助他们恢复身心健康，使其康复疗养的效果得到进一步提升。从绿化空间设计要素来看，一般都会考虑通过植物和水体景观的合理选择和搭配，来营造丰富多样的绿化观赏空间，进而增加老人与户外环境的互动。

1. 水体景观

在适老化康复景观中，水体景观一般有点状、线状、面状三种形态，而从水体存在的状态来看，又能将其分成流动水体和静态水体两种。对水体景观的优化一般需要考虑老年人的亲水便利性和安全性，可适当将水池抬高，方便老人亲水，并增设安全扶手和舒适的木质座椅，以满足老年人的安全需求和休息交往需求。

2. 植被绿化

在适老化康复景观的户外活动空间中，不同功能类型的活动空间对植被绿化的要求也是有所区别的。比如，在步行道路的两侧种植常青植物，是为了避免落叶使老人滑倒。在交往空间的边界处混合种植草木、灌木、乔木等植被，可以丰富空间环境的层次感，进而满足老人对该空间的领域感和安全感需求。在休息空间可利用藤蔓植物搭配亭廊、花架，来为老人提供一个遮荫避暑的舒适环境。而在健身空间的边界处又可以种植一些高低不同的灌木和乔木，这大大增加了空间的围合感，又能给老人预留良好的观望视线，以满足他们喜欢观望他人活动的需求。如果条件允许，还可以设置小型的绿化空间或小花园，鼓励老人走出家门亲近自然，参加园艺种植活动，从而形成富有本地文化特色的绿化观赏空间。

另外，关于植被绿化的选择，应以老年人群体的身心特征和需求为主，充分考虑老人的感官体验，尽可能配置一些能够触动老人内心的植被，如可根据季节的不同去选择相应花期和颜色的植物，并进行合理搭配。通常情况下，色彩鲜艳、叶片较大、具有芳香疗效的植被，更容易给老人带来舒适安心的自然体验。

（四）加强基础服务设施的适老化设计

基础服务设施作为户外活动空间的重要元素，结合实际情况和老年人的适老化需要对其进行设计，能够进一步提升适老化康复景观的服务质量。而加强基础服务设施的规划与建设，使其"数量"和"品质"与适老化相匹配，既是优化康复景观的重要途径，也是对老年人群关爱和保障的充分体现。

1. 坡道、扶手等无障碍设施适老化

由于老年人的骨骼、肌肉等运动系统逐渐老化，极有可能出现行动不便等情况，所以有时需要借助轮椅、拐杖等辅具来完成户外活动。然而，在户外活动空间中，有很多台阶、梯道等具有垂直高差变化的地形设置，这就给老人的户外活动带来了很大的困难。因此，户外活动空间的适老化设计必须要考虑老年人的活动需求，增设无障碍设施。如，可在步行道路有高差处、入口与室外地面有高差处等位置增设合适坡度和宽度的坡道，并在坡道的两侧安装高度适宜的连续扶手和护栏。台阶的宽度和高度应考虑老年人的行动特点，保证其有效宽度不小于 0.9 米，并设置连续扶手，同时也要注意在台阶的转换处设有明显的标识牌提示。不论是台阶还是坡道，都应该选择防滑、防眩光的材料进行地面铺装，铺砌要平整。此外，还要在两侧设置地灯和清楚的标识牌来照亮台阶和坡道，尤其是台阶的第一个踏步，应设有明显的标识系统，方便老人识别。

2.休憩座椅服务设施适老化

环境行为学认为，小坐是一切活动发生的重要前提，而座椅的形式、尺度大小、质地等能对人们的行为造成一定影响。为老年人提供舒适的休憩座椅，能让他们更好地享受观看他人活动所带来的视觉体验，从而使其在一定程度上参与了社会生活。倘若想要让休憩空间更具有吸引力，那么该空间区域就应该配有适当的通道、遮蔽物和丰富多样的植物等。而将休憩座椅和这些要素整合起来，为老人提供舒适宜人的观赏环境和交流环境，也不失为一个不错的选择。

其中，座椅的位置选择应尽量满足老人的安全感需求，布置在户外活动空间的边缘处，且周围区域要设有能满足老人"夏遮阳、冬透光"需求的设施。座椅背后要有墙体或者是低矮植物，既能避免他人从背后穿过，又能保证老人的视野通透性。而座椅的形式应考虑不同老年人群的使用需求，将其设置成条形座椅（方便老人独坐和观看前方活动，可设置在人行步道的一侧）、L形座椅（适合关系亲密的老人休憩交谈）和弧形座椅（适合不愿意进行社交的老人，方便老人扭转身体交谈或背离）等。同时，座椅的设计应该配有合适尺度的靠背和扶手，方便老人倚靠和站立（如表3-1）。

表3-1 休憩座椅适老化设计要点

高度	座椅的高度一般设置在 0.45m ～ 0.5m
深度	座椅的深度一般较浅，0.4m ～ 0.5m 即可
扶手	扶手要牢固，设置在椅面的 0.2m ～ 0.25m 处，且要伸出前端边缘；长座椅最好每隔一段距离就设有扶手
靠背	靠背稍硬，以给老人的腰部足够支撑力
脚跟空间	老人从座椅上起身时，至少需要 7.5cm 的净空来摆动双脚
载重	按照每人最少 115kg 来计算

3.其他设施适老化

一方面，老年人由于自身生理方面的原因，在户外活动时，常会活动不久就有如厕的需求。如果老人重新返回居住区，便不太愿意再出来活动，从而大大降低了老人参加户外活动的欲望。所以，在户外活动空间中，在相对隐蔽的位置增设简易厕所设施就显得尤为必要，其主要目的就是为了解决老人的出行需求。另一方面，老人的户外活动容易受到天气变化的影响，如果条件允许，可通过增设雨棚连廊的方法，来增加居住区与户外环境的连通性。而雨棚连廊的设计也要进行适老化和无障碍设计，并且要有明显的标识系统，方便老人通行和识别。

第三节　案例分析

接下来我们以南昌市新华社区为例，针对适老化康复景观的户外活动空间设计进行简要阐述，分析目前新华社区的情况和存在的问题，并提出相应的改造对策，仅供参考。

一、南昌市新华社区的概况

本书所提到的南昌市新华社区是一个老旧小区——江西化纤厂分厂生活区，位于地理位置比较优越的东湖区董家窑街道佘山路59号。该社区占地面积大约为2050.77平方米，交通便利，商业设施相对完善，对面还有可以供老人休息娱乐的文化生活公园。新华社区内的建筑大多为7层左右的低层住宅，共有10栋，33个单元，其中，老年人口数量大约占社区总人口数量的47.7%。下面是对该社区户外活动空间的概况分析：

（一）出入口与交通组织空间

1.出入口空间

社区出入口空间是连接居住区与外界环境的重要空间，由大门主次出入口和单元出入口构成。其中,社区大门作为出入口空间的重要组成部分,既是社区与外界城市街道的分隔线,也是社区空间序列的开端。新华社区主入口的对面便是樟树林文化生活公园,两者之间只相隔了一条街道,是老人常去的一个休闲娱乐场所。从通行情况来看,主入口大门虽然设有人车分流系统,并利用升降杆来管理和控制车辆的出入,但是人行通道的设置比较狭窄,不利于老年人的通行。

平坦的社区单元出入口,往往更容易满足老年人群体的日常使用需求。然而,随着老年人身体各项生理机能的逐渐衰退,灵敏度、身体协调力等生理特征也在时刻发生着变化。因此,考虑到这一点,社区单元出入口的设计应最大限度地满足不同老年群体对户外活动空间的需要。从新华社区单元出入口的设计来看,细节方面还存在很多问题。首先,该社区的单元出入口相对破旧,缺乏明显的单元标识牌,其入口空间的环境辨识性和方向性也相对较差。其次,该社区对夜间照明系统的设置,并没有充分考虑到老年人由于生理机能的逐渐退化,对光照环境有着更高的需求。再次,出入口空间的适老化设计,一般会采取结合当地文化特色的方式,来提高老人对居住领域的辨识性,以便给老人带来环境归属感,但该社区单元出入口的设计没有考虑结合当地的文化特色。最后,在一楼住户的入口处,虽然设有简单的无障碍通道,但其设计不够规范。

2. 交通组织空间

该社区在道路交通组织方面,采用的是人车分流的布局方式。虽然将人行步道和车行道路独立开来,但人行步道的宽度设置比较狭窄,地面铺装破损比较严重,路面也高低不平。再加上南昌地区的气候条件有时比较恶劣,阴雨期相对较长,坑坑洼洼的路面严重影响老年人的正常使用,迫使不少老人开始占用车行道,进而容易引发社区停车问题。因此,在该社区内,经常会看到不少机动车停放在车行道路两侧的现象,而这又对老人的日常活动造成了严重影响,甚至还会对他们的户外活动

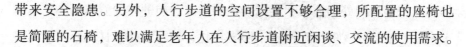

带来安全隐患。另外，人行步道的空间设置不够合理，所配置的座椅也是简陋的石椅，难以满足老年人在人行步道附近闲谈、交流的使用需求。

（二）景观绿化空间

从新华社区景观绿化空间的设计来看，社区内的植物树种比较单一，香樟树居多，并且大面积的香樟树使得该社区内的采光和通风情况不太理想。对此，该社区的不少老人提出了应定期修剪香樟树的建议。此外，该社区的植物绿化结构不够多样化，绿化景观差异性不够明显，并且也没有对乔木、灌木、草本植物等进行合理搭配。除了香樟树以外，几乎没有其他灌木、藤本植物等，仅有宅前空间人们自发种植的一些蔬菜和盆栽。由此可见，该社区的景观绿化空间环境难以完全满足老人对户外环境的使用需求。

（三）户外活动公共空间

老年人群在离职退休后，有着十分充裕的闲暇时间，可以经常参加各种娱乐、休闲交往、健身、园艺种植等活动。因此，户外活动公共空间的设计大多都会考虑休闲娱乐空间、健身空间、园艺活动空间的设计。但在该社区中，除了上述空间之外，还有很多被荒废掉的边角闲置空间和过渡空间。以下是对该社区各个户外活动空间的分析：

1.休闲娱乐空间

从新华社区休闲娱乐空间的分布情况来看，大多设置在了篮球场周边、人行步道两侧和近宅空间等位置，并且都是开放式的空间形式，可供老人跳广场舞、聊天、下棋、发呆等。但是由于该空间区域的座椅数量比较少，大大限制了老年人的活动，所以很多老人选择站在人行步道两侧进行社交活动，甚至还有不少老人从自己家中搬出小板凳围在一起聊天。同时，该空间的功能形式比较单一，缺少半封闭式的活动空间。

2.健身空间

社区内供老人健身锻炼的空间场地分布比较零散，主要分布在了一栋和二栋楼右侧处的露天乒乓球场地和居委会前的露天篮球场。从整体上来看，新华社区的活动形式不够多样化，健身锻炼器材的数量也不够多，还缺乏可供老人休憩的座椅等服务设施。

3. 园艺活动空间

与健身空间相比，该社区内的园艺活动空间要集中一些，主要分布在了社区近宅前区域，可供老人进行养花、种蔬菜等园艺活动。而且几乎每个单元门前都有很多盆栽，植物的种类也丰富多样。

4. 边角与过渡空间

社区内有很多边角闲置与过渡空间，有些空间被放置了一些清洁工具。从大体上看，该社区对边角空间等缺乏管理和监督，有的区域甚至杂草丛生，不仅对整个社区的环境美观造成了巨大影响，还大大限制了老年人群体的户外活动，从而导致该社区土地资源的价值没有充分发挥出来。

（四）公共环境设施

该社区内的垃圾桶数量比较多，并且分布在了每个单元建筑的旁边，但样式不够多样化，而且也没有严格按照国家的要求对垃圾进行分类处理。休憩设施大部分是以石凳为主，不仅材质冰冷坚硬，样式单调，而且数量也不多，远远无法满足老年人对环境的舒适性需求。路灯数量大约有 30 个，但是由于管理不善、产品质量较差等原因，部分路灯存在损坏问题，而且有老人反映路灯的照明不够亮，没有充分考虑到老人对光照环境的高需求。社区内的标识系统不够明显，标识的字体、颜色不够鲜艳明了，而且在重要的单元路口等位置也缺乏标识物。

二、南昌市新华社区的户外空间分析

基于景观适老化的视角来看，南昌市新华社区的户外活动空间设计还存在一些问题，社区的整体规划和环境建设并没有完全将广大老年群体的真正需求考虑进去。以下是对南昌市新华社区户外活动空间设计的分析和总结，同时这也为后续户外活动空间的适老化改造设计提供了依据。

（一）公共空间的类型单一，布局不够合理

社区户外活动空间秩序比较混乱，类型单一，不仅缺乏特色和识别性，而且活动场地的分布也没有体现出合理的分区处理，如动区和静区、显露区和隐蔽区、向阳区和遮荫区等。同时，社区内还有很多消极的边角闲置空间没有得到利用。从整体来看，该社区的公共活动空间并不能充分满足老人的使用需求。

成功的社区空间分布应该结合实际情况，通常都会按照一定的尺度比例来设置活动空间、健身空间、交往空间、园艺活动空间等。但从新华社区的户外活动空间设置来看，专门为老年群体和儿童提供活动场地的相对较少。而老年人群又作为户外活动空间使用频率较高的一大群体，局限的空间不仅会限制他们的户外活动，还会使其不得不占用社区内的主要道路进行休闲散步等活动。如此一来，人车矛盾的问题就会产生，进而导致老人对该社区的认同感和归属感逐渐丧失，最终无法与社区的养老环境产生情感共鸣。因此，针对该社区的改造规划设计，应该考虑怎样有效调节老年群体与社区环境的互动关系。比如，可以从园艺种植的细节出发，专门设置以老年人为主体的园艺活动空间，让他们带动整个户外活动空间互动景观的营造行动，这既有利于社区户外活动空间的优化，又能有效激发老人对未来生活的热爱和憧憬。

（二）老年基础服务设施设计不够适老化

由于该社区是一个老旧社区，在服务设施的配置上并没有充分体现出对老年人群的保障与关爱，无论是从数量上还是从质量方面，都与老年人的实际使用需求有较大的差距。很多服务设施既没有严格按照标准

规划配置，也没有很好地考虑到老年人的特殊需求，总之还存在很多问题。

第一，在户外环境细节方面的设计上，该社区对服务设施的适老化和无障碍设计不够重视，公共活动空间的环境设计并不能真正满足老年群体对安全性、舒适性的使用需求。譬如，户外的标识系统模糊不清、路灯照明的光线不足、缺少舒适的休憩座椅和扶手栏杆等。第二，在娱乐健身设施上，该社区的服务设施老旧化比较严重，不仅数量不足，空间布局也不合理，同时还缺乏管理与维护，从而大大限制了老年人的正常使用。第三，在基础服务设施的规划与建设上，该社区只是停留在了满足人们物质层面的使用需求上，没有考虑到老人的精神需求。尤其是随着现代化社会的发展，以基本生活需求为主的服务设施早已不能满足当代老年人对社区环境品质的多元化追求。所以，针对老年基础服务设施的改造设计，应该将为老年人群提供便携式服务作为一项重要任务。

（三）道路组织交通系统比较混乱

在过去，受到社会经济的限制，很多社区道路交通的设计大多是以经济实用为主要目标的，采用人车混行的道路交通模式，来满足整个社区居民的基本需求。从这一层面来看，新华社区所采用的人车分流道路交通模式十分可取。然而，局限的道路空间逐渐被越来越多的私家车占用，对老人的出行和户外活动造成了严重影响。同时，由于老旧社区的建设年代比较久远，部分地面出现了裂缝、凹凸不平等问题，大大增加了老人行走时发生安全事故的概率。此外，社区道路的两边几乎没有绿化设计，只有简单的几个座椅可以让老人坐下休息。但是这些座椅长期裸露在外，在风吹雨淋下，有的已经出现了不同程度的损坏，所以很多老人宁愿站在座椅两侧聊天、晒太阳，也不愿意坐在座椅上休息。

（四）自然生态功能不足

从新华社区的自然生态环境来看，该社区的绿化水平相对较低，植物配置不够合理，生态功能不够完善，不仅缺乏对绿地的精心管理，而且没有很好地平衡软质景观与硬质景观的关系。

首先，该社区的绿化率几乎很难达到国家的最低绿化标准。新华社区作为一个老旧小区，占地面积有限，仅有的绿地空间大多是以带状廊道的形式散布在楼房建筑之间，其余空间大部分被私家车占用，甚至几乎谈不上有什么绿地面积。其次，该社区的绿化模式单一，植物配置缺乏多样性。该社区所种植的树木大多为香樟树，不仅树种比较单一，而且植物的配置也不够合理，成功种植的草本植物、灌木等数量较少。同时，生长茂盛的香樟树对居民的采光和通风也造成了巨大影响，整体绿化效果并不让人十分满意。再次，由于早期我国的经济发展和生产力水平相对落后，老旧社区的规划设计考虑更多的是建筑技术、成本等，并没有对社区景观环境的设计引起过多重视，从而导致社区内的植物软质景观相对较少，大多是活动广场、道路铺装等硬质景观。最后，社区内的植物造景不够合理，主要体现在植物品种的选择配置上，没有按照适宜的比例对乔木、灌木等进行搭配种植，导致景观绿化空间的层次感不足。同时，在选择植物时，没有考虑到它的季节性变化，从而难以给老人带来良好的季节性变化感官体验。

三、南昌市新华社区户外活动空间适老化的改造设计

对老旧社区的户外活动空间进行适老化改造设计，是一项重大的民生和发展工程，这既可以有效解决广大居民的住房问题，还能最大限度地满足老年人的康复养老需求。

首先，从国家层面来分析。我国从 2011 年 2 月份便开始致力于发展老年群体的服务事业和产业，意在积极面对并改善社会人口老龄化的问

题，以更科学的方法来应对人口老龄化所带来的巨大挑战。随后，又提出了老旧社区的改造计划，并于 2020 年将老旧社区改造工作视为重点工作，如今已然成为现阶段推动小区良性发展的重要任务。其次，从江西省层面来分析。江西省根据国家所发布的相关文件，专门制订了《江西省老龄事业发展"十三五"规划》，重点强调了对社区进行适老化改造的重要性，致力于构建完善且具有江西文化特色的居家养老体系。最后，从南昌市层面来分析，自 2016 年起，南昌市政府和相关部门开始着重对老旧小区进行改造，旨在通过打造家门口养老服务站来重新建设南昌市的新形象。由此可见，对南昌市新华社区的户外活动空间进行适老化改造设计的重要意义。

（一）新华社区的前期改造设计分析

1. 改造设计的理念

构建安全便捷、绿色生态、共建共享的和谐社区环境，既是满足广大老年群体的康复疗养基本需求，也是对老旧社区适老化改造的核心理念。

在老旧社区的适老化改造设计方面，除了无障碍设计和景观环境的改造，还要考虑到老年人的精神需求和对户外环境的特殊要求。在户外景观环境的重塑上，应结合老年人对社区自身的使用意见和评价，并根据老年群体的生理、心理和行为特征来进行适老化设计。在整个社区的总体规划上，应及时掌握老年群体对社区内的交通道路组织系统、户外活动空间、服务设施等的多方面诉求，重点对新华社区的边角闲置空间、近宅空间等的要素设置进行优化，进一步增强社区户外环境的适老性和独特性。与此同时，考虑到社区内老人有养花、种蔬菜等园艺爱好，还可以打造一个种植区，既能满足老人与景观环境良性互动的需求，又能丰富社区内的自然生态环境，从而实现对社区环境安全绿色、共建共享的追求。

2. 社区规划的设计原则

（1）以老年群体为核心

新华社区的适老化改造设计，应始终以老年群体作为核心服务对象，结合老年人的生理变化、心理变化和行为特征，对社区内的景观、空间、交通等进行合理处理，使得老人群体与社区环境的关系得到缓和，最终实现人与自然的和谐共存。只有这样，才能避免社区户外环境给老年群体的户外活动带来阻碍，以便真正满足他们的活动需求，从而为老人的居家疗养和生活提供一个和谐舒适的户外环境。

（2）营造安全便捷的户外环境

社区环境的安全性和便捷性尤为重要，同时这也是提升老年人生活品质的必要保障。对老旧社区户外活动空间进行适老化景观改造，其主要目的就是为了真正满足广大老年群体的户外活动需求。所以，在设计的过程中，必须要充分考虑到老年群体在使用该空间场地时可能会发生的安全隐患，尽可能避免老人在户外活动时受到不必要的伤害。同时，在对户外活动空间进行改造时，应在把握好安全性原则的基础上，做好细节方面的设计，确保老人使用的安全性和主观能动性，使其能够在户外活动空间内轻松、安全、舒适地完成户外交往和休闲娱乐等活动。

（3）创建多层次的社区空间

公共空间在户外活动空间中占据了重要的主导地位，它既承担着老人的日常活动，又是连接各个空间的纽带，促使老人可以借助公共空间的疏通和引导，进入其他层次的活动场所。然而，在新华社区内，户外活动空间的类型比较单一，无法真正满足老人对户外环境的多样化使用需求。因此，为了提高该社区空间的生命活力，还需要分别设置园艺活动空间、休闲娱乐空间、健身空间等层次分明的户外活动空间，从而使得社区空间更完整，布局更合理，功能更完善。

（4）构建复合型的户外活动空间

由于该社区内有很多边角闲置与过渡空间，所以可对这些空间进行改造设计。通过利用植物与空间各要素进行合理搭配，为老人创建多个具有不同私密等级的空间区域，从而为老人的户外娱乐提供更多可选择的活动场地。多层级复合型的户外活动空间，既可以满足老人独处时对环境私密性的使用要求，又能满足老人相互交流时对环境开放性的使用需求。如此一来，老人对社区环境的归属感和领域感就能得到大大提升。此外，在社区户外空间规划上，应保证各个空间的相互渗透和连贯，以满足老人群体与其他群体互动交流的需求。比如，社区内的儿童活动场所也要有适老化和无障碍设计，可在附近增设舒适的休憩座椅，方便老人在照看同孩子的同时随时就近休息。

3. 总体布局设计

（1）整体规划布局

社区户外活动空间的适老化景观设计，一般是以现代化的景观适老化设计为基本指导理念的，并在以老年群体为本的原则约束下，结合自身的环境状况和老人需求进行合理规划。因此，我们在充分了解新华社区环境状况和老人户外活动特点与特殊需求的前提下，对空间的布局、道路设计等进行规划设计，最终形成了以"二轴、三区、四点"为结构特点的整体规划布局。

具体来讲，"二轴"是指能够贯穿整个社区南北方向和东西方向的两条轴线。在新华社区内，贯穿南北方向的景观轴线为主要轴线，连接着社区内的主要景观区域，具有重要的控制作用；而贯穿东西方向的景观轴线为次要轴线，起到了很好的辐射作用。"三区"是指空间区域的划分。在新华社区中，可主要划分成三块区域，即近宅空间、庭院空间和边角与过渡空间。"四点"是指具有不同功能的户外活动场地。按照不同功能对社区空间进行划分，可将新华社区分成休憩区、活动区、观赏区以及入口会客区四种。

（2）空间功能分区

社区景观环境的营造应以动静结合为核心进行规划设计，这不仅可以从生理和心理上较好地满足老人对户外活动的需求，还能促使老人与社区户外环境形成和谐共处的良好关系，从而真正促进人与环境形成有机的整体。在对新华社区进行"动区"和"静区"的规划塑造时，可将整个空间区域细分成入口会客区、休憩区、活动区（包括儿童活动区和老年活动区）、观赏区。其中，"动"区域主要包括入口会客区和活动区，目的在于满足老人的活动、娱乐和交往等多样化需求。"静"区域以观赏区为主，致力于满足老年群体对户外景观的观赏需求。而"动—静"区域则是以休憩区为主，可供老人进行园艺种植、交谈沟通等活动（如图3-6）。

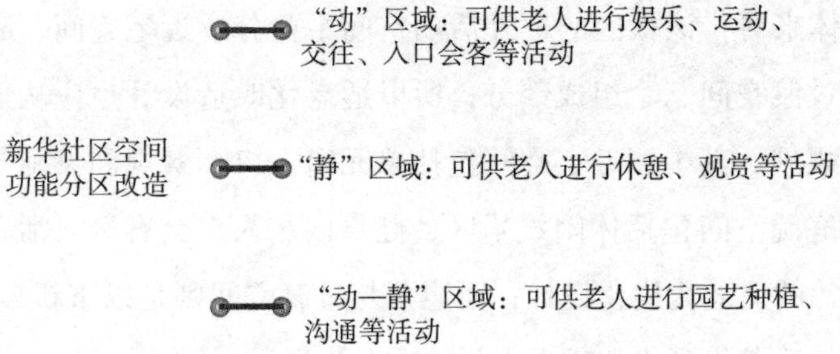

新华社区空间功能分区改造

"动"区域：可供老人进行娱乐、运动、交往、入口会客等活动

"静"区域：可供老人进行休憩、观赏等活动

"动—静"区域：可供老人进行园艺种植、沟通等活动

图3-6　新华社区空间功能的分区改造设计

（3）道路交通组织系统

在改造新华社区交通道路设计时，可仍保留"人车分流"的道路模式，将道路分成主园路、次园路和游步道三个。为了方便老人在出行时不被来往车辆所影响，除了要在主园路旁边设置防滑、防眩光的塑料道路以外，还要注意对社区内的车辆停放进行集中管理，分别设置非机动车停车地、机动车停车地和临时停车地，从而有效解决社区的停车问题。

次园路作为社区住宅间的道路，能将各个景观联系到一起。而游步道的设计能衔接社区内各单元和景观节点，并常配有无障碍坡道，方便老人安全出行。

此外，在道路绿化设计方面，可保留主园路两侧的香樟树，并与带有靠背和扶手的木质座椅相结合，从而形成一个可以遮荫避暑的休憩场所。但还需要考虑的一点是香樟树对社区的采光影响和通风影响，所以必然还要有相关人员对社区的香樟树定期修剪和养护，以避免影响老人的生活居住和户外活动。针对次园路和游步道的绿化设计，可利用具有不同花色的草本植物、灌木和乔木等，来提高社区景观环境的观赏性。在植物的配置选择上，可根据不同居住单元的道路景观进行区分，以增加老人对自己所居住的单元楼的辨识性。

（二）新华社区户外活动空间适老化设计的整体规划

从整体来看，该社区的户外活动空间主要分成近宅空间、庭院空间和边角与过渡空间三个组成部分，所以适老化改造设计也应从这三个方面出发来规划。其中，近宅空间包括单元出入口、景观和设施等的适老化设计；庭院空间包括休闲娱乐区、健身区、入口会客区、活动区、设施和景观等的适老化优化设计；而边角与过渡空间则是以重新塑造为主，强调设施的适老化深化和景观空间的适老化设计。

1.近宅空间的景观适老化设计

近宅空间主要指社区内居住楼和庭院空间之间的过渡空间，是社区单元的宅前用地。为提升新华社区的宅前空间利用率，满足老人的康复疗养需求，可从以下几个方面进行景观适老化设计：

（1）社区单元入口区

老年人的记忆力会随着年龄的增长而逐渐衰退，所以社区单元入口的设计应结合他们的生理特征变化及特殊需求，设计相应的字体和背景颜色单元标志牌，以此来强化老人对住宅空间的辨识性和归属感。同时，考虑到会有出行不便的老年群体，还可在单元入口区增设无障碍通道和扶手栏杆，以确保老人的出行畅通无阻。另外，由于南昌地区多"梅雨"天气，且持续的时间比较长，因此还可以增设雨棚、顶盖等设施，为老人的户外活动提供一个遮风避雨的场所。

（2）空间场地的改造和设施完善

在该社区的宅前空间可以发现普遍存在老人自发种植植物的现象，表明宅前园艺种植活动还是深受老年人群喜爱的。考虑到这一点，对该空间区域的改造设计，可尝试适当规划出园艺种植空间，以便满足老人园艺种植的活动需求。此外，由于有不少老人喜欢在社区内的近宅空间活动，停留的时间也比较长，所以他们往往对休息座椅的配置有着较大的使用需求。而为了不让这些座椅影响老人的出入和通行，可尝试将宅前的香樟树种植池充分利用起来，设计成围合式的木质座椅，供老人在欣赏宅前绿化景观的同时，也能休息和交谈。同时，在对该空间进行地面铺装时，应注意选择防滑、防眩光的材质，保证老人的出行安全，并在每个单元入口铺设独特的图案来增强老人对近宅空间的辨识性。

（3）景观空间的绿化优化

宅前绿地与老人的户外活动两者之间有着极为密切的关联。在配置宅前绿化植物时，首先要考虑的便是植物树种的选择，尽可能保证植物的大小、形态、高低等与周围环境协调统一，避免使用过高过大的乔木和灌木，从而减少对社区低层住户所造成的干扰影响。

此外，结合老年人的生理特征变化和心理特征变化，景观空间的绿化配置还应为老人带来良好的"色、声、香、味、触"五感体验。在视觉体验方面，宜选择色彩鲜艳、观赏价值高的植物种类，充分发挥出植物的色彩功能，并种植一些有季节变化的植物，帮助老人强化自身的季节意识。同时，由于老年群体的视力降低、视野范围减小，宅前景观的绿化空间应增设一些精致小巧的景观节点，来吸引老人的注意力。在嗅觉体验方面，宜选择具有芳香疗法的植物来作用于老人的嗅觉神经，如茉莉花、桂花、玫瑰等有一定康复疗愈效果的植物，以此来缓解他们的焦虑和不安等消极情绪。但切不可种植带刺、有毒、有刺激性气味的植物，避免给老人的身心造成伤害。在味觉体验方面，可在宅前空间种植一些适宜的瓜果蔬菜，为老人带来味觉享受。在听觉体验方面，宜在该空间的外围和路边之间搭配种植乔木和灌木，使其形成错落有致的空间层次感，并有一定的隔音降噪效果，从而为老人的康复疗养提供安静、优美的景观环境。在触觉体验方面，宜选择叶片或枝干有一定质感的植物来刺激老人的触觉感官，但要避免种植带刺、叶片锋利的植物，避免刺伤老人。

2. 庭院空间的景观适老化设计

新华社区的庭院空间主要由庭院绿化、活动场地和宅旁小路构成，属于公共活动空间。作为老人户外活动的主要场地，其空间环境的适老化设计应结合老人的使用需求，对空间的场地布置、设施优化和绿化配置进行细节改造和规划（如表3-2）。

（1）活动场地的层次布置

表3-2　庭院空间活动场地的改造

活动场地	改造对策
入口会客区	结合本土文化特色设计社区入口景观小品，并合理搭配乔木、灌木等植物，形成富有地域特色的景观空间，增加老人对社区环境的归属感和领域感
休闲娱乐区	利用植物群落形成半封闭式的围合空间，并增设观景亭和木质座椅，为老人欣赏美景和休憩交谈提供一个相对理想的空间领域
健身锻炼区	将原来的全开放式活动场地改造成具有一定围合空间的场地，保证老人的安全；增设其他类型的健身器材，丰富居民的健身活动类型
儿童与老年活动区	儿童娱乐场地宜选择色彩鲜明的材质铺装，创建趣味活动空间。为了方便老人在照看孩子的同时打发时间，可在旁边增设棋牌桌椅、健身器材等

① 入口会客区。对于老年群体而言，有一定领域标识功能的社区入口，往往更容易给他们带来强烈的归属感。然而，新华社区的入口区既没有比较显著的标识系统，也没有结合当地的文化特色去设计。因此，针对该空间区域的改造设计，可结合南昌市的红色历史文化来重新塑造，并将重塑的主景观放在社区入口空间，以便延续或激发老人对旧时生活的回忆。同时，还要注意植物群落的合理搭配，并种植一些有地域特色的植物，进一步增强老人的环境归属感。

② 休闲娱乐区。在新华社区中，大多数老年群体更喜欢在篮球场周围进行休闲娱乐活动，而之所以会选择该场地作为休闲娱乐的主要聚集点，有两个方面：一方面是这里的光照条件较好。南昌地区的冬季比较寒冷且时间较长，光照充足的地方更容易成为老年群体进行户外活动的最佳场所；另一方面则是因为这里的空间场地较大。新华社区的空间有限，篮球场作为该社区最大的一个活动场地，能基本满足老人的社交和活动需求。所以，在对新华社区进行适老化改造设计时，可结合老人的实际需求将该场地改造成为主要的休闲娱乐区。空间形式以开放式为主，既要增设儿童娱乐场地和老年活动场地，又要在周围布置足够数量的休憩座椅，方便老人休息和交谈时照看孩子。同时，还要注意该空间区域与植物群落的合理搭配，形成具有一定围合感的活动场地，并为老人提供可休息的观景亭和可活动的树阵广场，以满足老人对空间环境的多样化使用需求。

③ 健身锻炼区。在改造之前，新华社区的健身空间比较分散，健身器材的数量也不足，致使老人对该空间场地的利用率相对较低。为了给社区内的老人群体提供舒适的健身空间，可选择空气流通、阳光充裕、空间宽敞的区域作为老人健身的活动场地。空间形式应以块状为主，且具有易达性和围合性，方便老人达到，同时也能保证老人活动时不被干扰。此外，健身空间的活动类型应该是多样化的，可通过增设能满足不

同年龄群体的健身器材和平台，来提升空间层次感，保证空间的可持续使用。而针对健身器材的选择，既要颜色鲜艳夺目，也要满足老人适老化的锻炼需求，如可选择太极按摩器等健身设施。考虑到南昌市的气候条件，需要在该空间内布置防滑耐磨的塑胶跑道，并在周边设有座椅和遮荫物，从而为老人的休息提供舒适场所。

④ 儿童与老年活动区。在过去，老旧社区的建设大多都是为了满足人们的居住需求，并没有过多考虑到户外活动空间的重要性，这一点可以从新华社区几乎没有专门设有儿童与老年活动区来得到证实。然而，目前在户外活动最为频繁的两大群体就是孩子和老人，所以，怎样充分利用有限的空间来满足他们的活动需求，就成为老旧社区改造设计的一大要点。由于新华社区空间有限，针对这类活动区的改造设计，应尽可能将儿童与老年活动空间结合起来，并集中分布在社区的休闲区和健身区当中，方便老人一边照看孩子一边休息和交谈。如此一来，整个社区的户外活动空间层次感就能得到充分体现。譬如，儿童活动区的铺装可用鲜明的色彩来界定，并使用防滑、透水性好的材质进行铺装，可将其设置在老人健身锻炼、休闲娱乐等区域附近，并配有充足休憩座椅和遮阳伞等设施，方便老人在阴凉处休息和照看孩子。

（2）设施的适老化完善

社区内的外部环境能在一定程度上影响着老人的户外活动，为了吸引更多老年人参加户外活动，还需要对户外活动空间的设施进行适老化完善设计。譬如，可适当增加社区内的休憩座椅，并将原来的石凳统一换成带有靠背和扶手的木质座椅；可增设大舞台，丰富户外活动形式，以便迎合老人的不同喜好；可在空间内利用有一定特色的材质和标志进行路面铺装，强化老人对空间的辨识度，需注意铺装的平整和防滑；可用平缓的无障碍坡道并配有扶手和栏杆，来代替有高差变化的台阶，方便老人通行。

（3）植物绿化的配置

在植物绿化配置上，应追求科学合理，且能体现植物的季节性变化，可通过对灌木、乔木、花草等植物进行合理搭配，使其共同组成具有不同功能的植物生态群落，从而形成多层次的景观环境，使得植物所产生的生态效益最大化（如表3-3）。由于该社区的植物种类比较单一，以高大茂密的香樟树居多，从而对社区的采光和通风带来比较严重影响。一方面，要由相关人员对香樟树进行定期修剪；另一方面，要对植物绿化的配置优化引起重视，积极构建保健型的植物生态体系，帮助老人强健体魄。

表3-3 庭院空间的植物配置类型

	类型	方式和特点
①	乔木灌木类	上层为香樟等乔木，中层为红叶石楠等灌木，下层遍植玉簪等草本植物。植物空间层次感更强
②	观花观果类	上层香樟、杜英等乔木，中层为桂花、山茶等灌木，下层为草花地被植物。植物种类丰富，空间层次分明
③	修剪整形类	上层为常绿乔木，中层点植整型海桐球等灌木，下层为草花地被。所形成的植物生态群落有一定的观赏性
④	生态保健类	上层为广玉兰等乔木，中层用石榴等灌木类点缀，下层片植迎春、玉簪等草本植物。集观赏性和保健性于一体

3. 边角与过渡空间的景观适老化设计

边角闲置与过渡空间又被叫作"消极空间"，是一种从内向外逐渐扩散的空间区域，属于宅前空间和庭院空间之外的地方，如道路交叉口、围墙边角等。这类空间常常被人们忽视，不仅容易带来安全隐患，还影响着整个社区户外环境的协调性，因此，将社区内的这些消极空间激活尤为重要。

（1）重塑消极空间

在对新华社区内的边角与过渡空间进行适老化改造设计时，可将某些空间改造成园艺种植活动空间，如建筑物之间相背的间距、部分山墙空间等，以满足老人的园艺爱好和种植需求。同时，还可以将围墙边角空间改造成为老年群体公共艺术互动空间，为老人提供展示才艺和作品的平台，促使该空间得到激活。此外，针对靠近庭院空间的过渡空间，可以搭配多样化的植物群落，使其共同形成具有一定私密性的冥想空间，供老人休憩。

（2）完善适老化设施

由于边角与过渡空间大多容易被人忽视，即便通过各种途径重新将其激活，并被社区内的老年群体所使用，但也要加强设施的适老化完善。以安全性和舒适性为基本的设计前提，在该空间区域内增设安全呼叫器，方便老人呼救并得到及时救护。同时，要布置足够数量的木质靠背座椅，为老人的户外活动提供可休憩的场所。

（3）优化景观空间绿化

景观空间的绿化是重新激活消极空间的必需要素。在空间布局方面，既要注意降噪，保证视线通透，为老人提供安静舒适的休息场所，又要注意植物与其他要素的合理搭配，构建多层次的景观绿化空间结构。尤其是在树种的选择上，应尽可能选择容易管理、对人体健康有益的植物，改善社区空气质量，为老人营造一个良好的康复空间和养生环境。

4. 园艺种植空间的景观适老化改造设计

新华社区的园艺种植空间改造设计，既有优势也有劣势，既有机遇也有挑战，只有充分了解这些优劣势和机遇挑战，才能为社区内的老年群体打造一个"家门口"园艺花园。

（1）社区园艺种植区的规划分析

① 优势。一方面，园艺种植行为在新华社区中比较普遍，很多老年人都喜欢种植一些花草和蔬菜，这不仅有益于老人的身心健康，还能增加邻里之间的互动交流，提升其环境归属感。另一方面，园艺种植活动

是国家政策所提倡的一种户外活动，能推动老人贡献自己的一份力量共建绿色社区，从而以此来实现他们的社会价值。

② 劣势。其劣势主要表现为：一是新华社区的空间有限，并没有足够的园艺空间让老人种植花草果蔬等，而且缺乏专业的种植技术，容易给社区的绿化环境带来负面影响；二是对园艺种植空间的维护和管理不够完善，仍有进步的空间。

③ 机遇。新华社区内的老年群体非常注重园艺种植活动，并且社区内的植物绿化模式不够多样化，难以真正满足老人对环境体验的需求。而构建园艺种植空间，既可以通过各种园艺活动操作给老人带来良好的生活体验，又能丰富社区内的绿化环境，一举两得。

④ 挑战。在规划园艺种植空间时，需要面对的挑战有两个：一是怎样充分利用有限的社区户外活动空间，将园艺空间融入其中，为社区环境增光添彩；二是怎样选择适宜的植物树种，使其既具备美化环境的生态功能，又能促进老人的身心健康。

（2）园艺种植空间的改造

① 场地的选择。可对新华社区中那些没有被充分开发和利用的边角闲置空间进行改造，尽可能选择光照充足的空间作为园艺种植区，如宅前屋后的绿地等，方便老人通过园艺种植来增加与户外环境的互动交流。

② 植物的配置。植物是连接人与园艺种植区的重要桥梁，因此，我们对植物的选择和配置应引起高度重视。除了要选择当地的本土树种种植以外，还要多搭配一些可食用的保健型植物，从而在美化景观环境的同时，也能充分发挥出植物的保健和生态功能。譬如，针对植物配置的细化，可选择种植一些能开花结果的植物，像向日葵、葡萄、石榴、枣树等；可种植不同颜色的植物，像一串红、白玉棠、黄杜鹃等；可选择种植有一定意境和风韵的植物，像梅花、竹子等；或种植可食用的蔬菜，像葱、萝卜等。总之，不论是植物的可食用性、保健性，还是植物的颜

色、芳香和触感，都能在一定程度上刺激老人的五感，使其内心的消极情绪得到有效缓解，从而满足老人疗养康复的要求。

③ 细部的改造。关于新华社区园艺种植区的细部改造主要表现在两个方面，即废物再利用和种植形式的多样化。

在废弃再利用方面，可以对该社区中的废弃轮胎、塑料盆等进行改造再利用，让老人在近宅空间区域种植一些蔬菜、花花草草等。如此一来，社区内的自然生态功能就会得到进一步体现，而且这是社区老人通过自己的努力来打造出的一个经济型生态景观环境，有利于自我价值的实现。因此，在社区内的园艺种植空间中，应体现绿色环保理念，充分利用废弃物来布置该区域的景观环境。如可对社区内的落叶、杂草等绿色垃圾进行集中发酵处理，将其作为有机肥去合理利用；而生活中被扔掉的器皿、瓶罐等废弃物，可改造成盆栽容器加以利用等。

在种植形式方面，可通过利用立体菜园、一米菜园等新型种植方式，来吸引老人积极参与户外的园艺种植活动，提高老年群体与户外活动空间的互动交流。其中，立体菜园一般会通过架空的方法来增加种植空间，能为社区内的老年人提供更多种植机会。而一米菜园则是由若干个小网格构成，将木板制作成一米种植箱，形成种植区，可以让老人利用较少的空间种植多种花果蔬菜，使其充分感受到种植劳作的乐趣。

第四章 适老化康复景观的元素设计

第一节 绿化的设计与案例分析

针对适老化康复景观的绿化设计，主要体现在两个方面：一是绿地空间设计，二是植物设计。两者之间相辅相成，相互促进和影响。其中，绿地空间设计更广泛，它包括植物的选种、设施的配置、道路的铺装等多个方面的内容；而植物设计更精细，侧重植物的合理搭配和对人体的治疗作用。但无论是绿地空间设计还是植物设计，其最终目的都是为了给老年群体营造一个绿色健康的生活居住环境，满足不同老年群体对景观环境的多样化需求，从而为他们的康复疗养提供最基本的环境保障。

一、相关概念

（一）景观绿地空间设计

在适老化康复景观中，常见的绿地空间设计[①]主要包括中心绿地、组团绿地和宅间绿地（如图 4–1）。

---

① 王晓博著 . 康复景观设计 [M]. 北京：中国建筑工业出版社，2018.07：43–47+61.

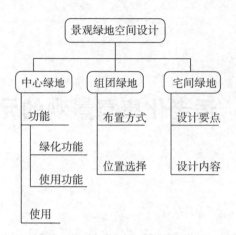

图 4-1　景观绿地空间设计

1. 中心绿地

中心绿地作为社区户外景观一种重要的表现形式，同时也是承载各种大型活动的主要场所，深受人们青睐。因此，中心绿地的设计需要考虑到所有居民的使用需求，并在这一基础上注重适老化设计。考虑到老年群体和儿童的可达性，中心绿地一般都会设置在社区的中心区域，且与各个空间联系紧密，有较强的公共性和可达性。所以，中心绿地常常成为人们休闲、娱乐和锻炼的主要场所，既方便所有居民到达，又能保证人们在参加各种活动时不会打扰到其他住户。此外，中心绿地作为社区户外景观的重要景观节点，其适老化设计应考虑到社区空间的整体规划，并结合空间序列中点、线、面等的设计方法来加以完善。同时，中心绿地的规模和尺度大小要注意与全龄化设计区别开来，以老年人的身体特征为核心，为他们创建一个层次分明且内容丰富的中心绿地景观，从而为老人的晚年生活和身心康复提供保障。

（1）中心绿地的功能

在居住区内，中心绿地是供所有住户使用的公共绿地，占地面积较大，一般包括雕塑、喷泉水池、草坪、休憩场所、各类服务设施等多个要素。通常情况下，中心绿地的功能主要有两个：一是绿化，二是使用。

在绿化功能方面，由于中心绿地中有很多花草树木，这不仅可以净化周围空气环境、调节景观微气候，还能给人带来赏心悦目的视觉体验，更是遮荫避暑的好去处。而在使用功能方面，中心绿地能将人吸引过来并进入其中，它既是所有居民日常交往和休闲娱乐的重要场地，同时也是老人和儿童进行户外活动的主要场所。

随着生活品质的不断提升，人们对精神层面的享受追求越来越大，尤其是愈发注重中心绿地的设计和优化。然而，从目前的居住区中心绿地设计情况来看，虽然大部分的社区都能较好地发挥出中心绿地的绿化功能，为住户营造一个景色宜人、环境优美的绿地景观，使它的绿化功能得到充分发挥，但也存在一定的误区，容易在一定程度上忽视中心绿地的另一个功能——使用功能。主要表现为以下几个方面：

① 限制人们的户外活动。绝大多数的中心绿地都是以铺草和种树为主，很多社区为了保护草皮不被破坏，专门设置了含有"不准踏入草坪"等字眼儿的标志牌，但这也大大限制了住户的户外活动。

② 地形设计不够规范合理。过于复杂的地形设计，或设有过多具有高差变化的台阶，不利于老年群体和儿童的安全出行和户外活动，从而大大降低人们对中心绿地的使用频率。而且，道路系统组织不当、景观出入口设置不合理等，这些都是容易导致人为从中穿越的重要因素。

③ 缺少基本的服务设施。中心绿地的设计不单单是为了美化环境，更是为了人们的休闲娱乐和健身锻炼提供一个舒适、健康的绿色环境。然而，含有"不准入内"等字眼的标志牌，除了限制了人们的室外活动，也在某种程度上限制了服务设施的配置，使得中心绿地缺少座椅等基本的服务设施。

（2）不同年龄段对中心绿地的使用

按照使用对象的年龄进行分组，可具体分为婴幼儿组（3岁以下）、幼儿组（3～6岁）、儿童组（6～12岁）、青少年组（12～18岁）、成年组（18～60岁）和老年组（60岁以上）。其中，幼儿和老人两大群体对中心绿地的使用率最高，而婴幼儿未来必然也会在年轻妈妈、老人、保姆等人的照顾下，逐渐频繁使用中心绿地。

① 婴幼儿组和老年组。目前，很多老人都会带着孩子外出活动。不论是婴幼儿的蹒跚学步，还是老年人的休闲散步，草坪和铺装硬地都是开展这些活动的优质选择。而过多高差变化的台阶和起伏过多的路面，都会对婴幼儿和老人的户外行走造成不利的影响。因此，不宜对中心绿地进行过多的地形设计，简单的草坪和硬地铺装，再结合植物绿化即可。同时，既要在周边增设休憩桌椅，供老人休息、聊天和娱乐，也要添加各种造型活泼的木质娱乐设施，供婴幼儿玩耍。

② 幼儿组和成年组。除了婴幼儿和老人，还有两个群体对中心绿地的使用频率也是相对较高的，那就是幼儿组和成年组。在放学后或吃完晚饭过后，幼儿通常会有部分时间用来游戏玩耍，如跳绳、骑童车、踢球、捉迷藏等。所以，这就需要在中心绿地增设如跷跷板、滑梯等游戏设施，进一步丰富幼儿的户外活动内容和形式。此外，要在旁边增设木质的休憩座椅，方便大人在照看孩子的同时坐下休息。而成年组的活动时间一般都是清晨锻炼和晚间散步，也有部分人喜欢参加各种球类运动，这些活动的开展往往需要比较开阔的空间，如草坪、铺装硬地等。因此，可考虑在中心绿地周边增设一个多功能的球场，以满足成年组的户外活动需求。

③ 儿童组和青少年组。在平时，儿童组和青少年组对中心绿地的使用频率并不高。但是在寒暑假期间，他们往往会有较多的时间去踢足球、打篮球、骑自行车等，所以，这类群体对活动场地的要求更多的是硬地铺装或多功能性。因此，可考虑通过增设多功能球场的方式，来满足他们的活动需求。

2. 组团绿地

组团绿地是公用绿地的一种表现形式，占地面积不大，靠近住宅区，所服务的对象主要就是组团内的居民，其中以老人和儿童居多。组团绿地不仅是社区最常见的一种绿化形式，更是老人和儿童就近活动和休憩交谈的重要场所，为老年群体的邻里交往、户外活动提供了良好条件。其特点包含两方面：一是方便人与人之间的互动交往，二是方便统一使用与维护管理。

康复景观组团绿地的适老化设计应以老年群体的活动特点和需求为主，将其设置在他们经常出入或经过的地方，方便老人到达和使用。此外，在规划组团绿地时，要根据其规模大小和户外场地特征来设置不同年龄层的活动场地，并保证视野的通透性。如此一来，既不会让老人与儿童的户外活动相互干扰，也能方便老人在休息和活动时照看孩子。

（1）组团绿地的布置方式

① 开放式。开放式的组团绿地一般不会通过设置绿篱、栏杆的方式，将其与外界环境隔离开来，可以允许人们进入绿地内休憩、交往和活动。

② 半封闭式。相较于开放式的组团绿地，半封闭式的组团绿地有一定的私密性，通常会利用绿篱、栏杆等来与周围环境相分隔，但是会留有若干出入口，方便老人进出。

③ 封闭式。封闭式的组团绿地会被绿篱、栏杆等隔离，不允许人们进入休息和活动，因此，这类绿地的使用效果并不理想。

（2）组团绿地的位置选择

组团绿地的位置选择应尽可能满足正常的日照需求，并配有休憩、游玩和活动的服务设施，以便为社区居民提供良好的户外环境。其中，不同建筑组群组合形成的组团绿地位置各有不同，主要有以下几种形成方式：

① 利用建筑物所形成的院子布置。通过这种方式构建的组团绿地，不易受到行人和车辆的影响，环境安静舒适，封闭性强，能给老年群体带来良好的庭院感。

② 自由布置。这种方式构建形成的组团绿地可以实现与宅间绿地的相互穿插与融合，既能进一步增加绿化的空间层次感，又可以凸显出景观绿化构图的自由与活泼，从而给人以良好的视觉体验。

③ 选择住宅组团的一角。这种方式主要是为了将户外的闲置空间充分利用起来，使得户外景观的服务范围得到有效增加，这不仅可以丰富户外活动场地，还能大大提升土地利用率。

④ 结合公共建筑布置。通过这种方式构建的组团绿地，可以实现户外专用绿地的相互渗透，有利于景观绿化空间的扩大。

⑤ 选择临街一面布置。将组团绿地的位置选择设置在临街一面，不仅是为了与社区内的建筑相互衬映，丰富绿化景观，更是为了行人的休憩提供安静舒适的户外环境。

3. 宅间绿地

宅间绿地临近住宅，与人们的日常生活和户外活动息息相关，它不仅是居住区户外空间的过渡地带，更是社区居民使用频率较高的绿化空间，深受老年群体的喜爱。尤其是对于高龄老年人而言，由于自身体质较弱，他们常常会选择在这里进行晒太阳、闲谈等活动。

（1）宅间绿地的设计要点

① 以满足老年群体的使用需求为主。由于宅间绿地使用频率较高的群体就是老年人，所以该空间场地的设置除了要满足基本的绿化要求以外，还要考虑到老年群体的活动需求。譬如，可增设健身器材、休憩座椅等服务设施，为老人的休息、健身和户外活动提供便利。还可以设置不同私密等级的户外空间场地，利用绿篱、栏杆等与周围分隔开来，这不仅可以满足不同老年群体对环境的需求，还能起到降噪、防风沙等绿化作用。

②结合社区规模和人群特征。绿化的设计既要考虑到社区的规模大小，也要考虑老年群体的人体特征，合理设计宅间绿地的空间尺度，以此来为居民营造一个舒适的户外绿化环境。此外，由于宅间绿地大都是由周围建筑围合而成的，容易遮挡较多阳光，所以在选择植物时应尽可能种植一些喜阴的植物。同时，还要注意植物色彩、形态、美观变化等的合理搭配。一是为了给老人的视觉体验带来良好的刺激，使老人感受到户外空间的舒适感和幸福感。二是为了保证老人可以在四季变化时感受到相应景色的变化，使得整个景观环境更丰富多彩。

③适当增加居住区的垂直绿化。居住区的墙面、窗户、阳台等都可以作为增加垂直绿化的重要场所，这不仅可以丰富绿化景观的空间层次感，还能给老人带来眼前一亮的视觉感受，更能吸引老年群体到室外进行户外活动。当然，垂直绿化的增加必须要保证不影响居民的生活、居住和出行。

（2）宅间绿地的设计内容

在居住区内，宅间绿地虽小，但五脏俱全，是居住区户外景观体系中相对独立的一个单元体。其设计内容有四方面：交通空间、绿化配置、基本设施和公共服务设施，且每个方面的功能和设计侧重点各不相同。

①交通空间。按照功能划分，可将宅间绿地的交通空间分成交通空间和休闲娱乐空间。其中，交通空间是指以交通为主的场地，包括社区支路、入户路等，其铺装设计和绿化选择应以安全、便捷、舒适、识别性强等特点为主。而休闲娱乐空间包括园路，供人们休憩、交往和娱乐，其铺装设计和绿化选择应以舒适、人性化、私密性等特点为主。

②绿化配置。宅间绿地的绿化配置既可以维持景观生态平衡，调节周围微气候，又能防风沙、降噪，是提升外部空间绿化效果的有效手段。从绿化的种类来看，可将其分成道路绿化、广场绿化、屋顶绿化等多种绿化形式，而其配置应注意主次分明，合理搭配，并且要考虑到植物的

季节性和颜色变化，以便给老年群体带来不同季节的视觉享受。

③ 基本设施。宅间绿地的基本设施包括照明设施、环卫设施和雨水排放设施。像草坪灯等照明设施的设置，应布局合理，灯光柔和，尽可能不干扰人们的视线；而垃圾箱等环卫设施的设置，应放置在方便居民达到的位置，并用植物稍作遮挡；像井盖等雨水排放设施的设置，应与景观环境和建筑风格保持一致，且保证形式统一。

④ 公共服务设施。宅间绿地的公共服务设施包括亭、座椅等休闲娱乐设施和指示牌、雕塑、宣传栏等景观小品。其中，像亭、座椅等服务设施的设置应注意其材质的选用，并结合老年群体的人体特征和植物搭配来设计。雕塑、宣传栏等景观小品的设置除了要保证适宜的尺度大小，还要放在比较醒目的位置，既能体现景观的人文性，又能提升人们的环境亲切感。

（二）植物设计

植物对户外环境的美化和微气候的调节具有决定性作用。在适老化康复景观中，植物的合理设计除了可以防风固沙、丰富空间层次以外，它们作用于人体感官系统的功效更为重要。

其中，植物在康复景观中的设计可基于人体五官的角度来考虑（如表4-1）。

表4-1　植物对不同患者的五感设计注意事项

康复对象	颜色	芳香	注意事项
残疾人士	绿色、红色、黄色等醒目的颜色	玉兰、丁香、刺槐等幽香	避免种植带刺、有毒、有飘絮的植物
自闭症儿童	红色、黄色、橙色等暖色调颜色	桂花、薄荷等提神芳香	以暖色和清香的小乔木、灌木为背景，搭配草本花卉
阿尔茨海默病患者	以绿色为主，辅之搭配其他颜色	丁香、桂花、野蔷薇等浓香	通过感官刺激患者回忆过去，以色彩明亮、芳香浓郁的植物为主

康复对象	颜色	芳香	注意事项
精神疾病患者	蓝色、白色、紫色等冷色调颜色	薰衣草、柠檬等镇静、安神之香	避免过度修剪或进行造型设计,避免给患者带来恐怖联想
癌症患者	绿色、黄色等寓意希望的颜色	米兰芳香,具有一定的抗癌作用	以花期长的乔木或宿根花卉为主

1. 植物设计对人体的感官刺激

（1）视觉刺激

老人的视力状况会随着年龄的增长而逐渐下降,致使他们对一些冷色系的色彩敏感性大大降低,所以大多数老年人更偏爱红色、黄色、橙色等暖色系的植物。在植物设计中,彩色叶的植物普遍存在季相变化,如果可以根据季节的不同来配置季相分明植物群落,就能让老人更好地感受到环境变化所体现的生命气息（如表4-2）。

表4-2　不同季节适宜种植的植物及颜色

	红色系	白色系	黄色系	紫色系
春季	牡丹、杜鹃、芍药、海棠等	白玉兰、火棘、山杏、梨等	芒果、相思树、黄兰等	紫丁香、紫荆、紫藤等
夏季	合欢、红紫薇、扶桑、香花槐等	茉莉、栀子花、太平花等	栾树、万寿菊、黄槐等	牵牛花、紫薇、木槿等
秋季	红枫、桦树、乌桕、鸡冠花等	九里香、银薇、油茶等	桂花、菊花、金合欢等	翠菊、一串红、千日红等
冬季	一品红、红梅、山茶、秋牡丹等	白梅花、银叶菊等	蜡梅	紫株

（2）听觉刺激

植物的巧妙利用,可以能构建出独特的"声景"。准确地讲,植物本身是不会"发声"的,但它们在景观设计师的悉心配置和设计下,也能散发出悦耳动听的声音。

　　一种声音是由植物的叶片发出来的声音，像雨水的拍打、微风的吹动，都可以让植物发出不同的声音。当风吹过针叶树林时，植物所发出的声音时而犹如万马奔腾，时而犹如潺潺流水，所以这才有了描写风撼松林的古诗佳句——百尺松涛吹晚浪，几枝樟荫挂秋风。此外，有些植物的叶片较大，它们所发出的声音也颇为明显，如"雨打芭蕉，轻声悠远""隔窗知夜雨，芭蕉先有声"等，都是在描述雨滴拍打荷叶发出的声音。因此，在设计此类"声景"时，可将其设计在特定的休憩场所，帮助老人在休憩的同时获取更多自然界的声音，舒缓身心。

　　另一种声音则是被植物吸引而来的动物所发出来的声音。这种声音就像是动物在因为植物为自己的生存和栖息提供保障而"发声代言"，如王籍的《入若耶溪》有一句"蝉噪林逾静，鸟鸣山更幽"，便像是在借助鸟鸣声来为山林的幽静代言。但需要注意的一点是，想要构建这种美妙的生态境界，我们除了要对各类植物的关系、生活习性等有最基本的了解，还要了解植物和动物之间的关系，只有这样才能营造出小动物更喜爱的生活环境，最终才可能构建出人与动植物和谐共生的良好景观。譬如，在植物配置时，可选种一些火棘、海桐、杨梅、罗汉松等结果植物或蜜源植物，用来吸引鸟类、蝴蝶、蜜蜂等，从而成功构建出生态化的"自然声景"。

　　（3）嗅觉刺激

　　植物自身所散发出来的气味，既可以吸引小动物，也可以吸引人类，所以才会经常出现"未见其形，先闻其味"的情况，让人一直在寻找气味的来源。在植物学中，我们将这类可以散发特殊气味或香味的植物，统称为芳香植物，如香草、芳香乔木、香花等。但并不是所有的芳香植物都会给老人带来有益的嗅觉刺激，如夜来香会在夜间释放出有害气体，不利于人体的健康，严重的还可能会出现失眠、气喘等症状；夹竹桃花的气味不宜久闻，否则容易让人出现昏睡、疲倦甚至智力下降等症状。因此，在适老化康复景观的植物设计中，想要借助芳香植物来对老人身体各项机能的恢复产生有益的嗅觉刺激，唯一的办法就是要谨慎选择、合理利用这些植物，以便为他们的身体保健和康复疗养提供帮助（如表4-3）。

表4-3 部分芳香植物对人体的作用功效

植物	气味	作用功效
玫瑰花	香甜	消毒、杀菌、使人身心舒爽愉悦
薰衣草	芳香	凝聚心神、消除紧张、治疗失眠
桂花	香甜	消疲劳、宁心脑、平气喘、通经络
薄荷	清凉	杀菌、消除疲劳、清脑提神、增强记忆
藿香	清香	清心安神、理气宽胸、增进食欲
荷花	清淡	清心凉爽、安神静心

（4）触觉刺激

植物对人体的触觉刺激主要表现在人对植物的接触与交流。所以，如果条件允许，可在适老化康复景观中专门增设一个园艺种植区，并根据老年人的生理特点及需求，来选择不同规模和类型的种植平台。如通过选用立体花墙、容器栽培、种植池、不同高度的花坛等多样化的园艺种植设施，来满足不同生理能力老年群体的种植、除草、浇水、采摘等活动需求。如此一来，老人就有更多的方式和机会去接触自然环境和其他人，同时也可以有效舒缓他们的身心。但要避免选用带刺或容易割伤老人的植物品种，减少安全隐患的发生。此外，考虑到轮椅老人、普通老人对舒适空间的尺度大小存有差异，这些园艺种植设施的适老化设计必须要设置成不同的高度和斜面。比如，可将较高种植池的下半部分进行凹式设计，以保证轮椅老人在参与种植活动时的腿部能够自由进出。至于园艺绿地道路的设计，不仅要保证轮椅老人有足够的操作空间，也要为他人的过路来往留有一定空间。

2. 康复景观中植物设计的功能作用

（1）保健功能

植物的保健功效主要表现在两方面：一是植物的颜色和形态丰富多样，可以营造出层次分明、景色优美的自然生态景观，有舒缓身心的功效；二是部分植物本身具有药用价值，如悬铃木、柑橘、柠檬等所分泌出的杀菌素，能在一定程度上杀死细菌和病毒，对人体的保健有良好的辅助作用。

（2）体验功能

植物的体验功能，是指人们通过视觉、听觉、嗅觉、触觉和味觉的五感体验，来感知周围环境并从中获得一定的体验乐趣。新加坡就有一座感官公园——大巴窑，其建造和板块划分的核心依据就是人的五感，可以让人们在公园中赏花、闻香、触摸盲文等。以五感体验为中心的景观植物配置，不仅可以缓解人的消极情绪和心理压力，还能激发出人体感官对周围环境的潜在识别能力。而为了给人们带来更好的五感体验，除了要注意植物的合理搭配，还要种植一些当地的植物品种，既能丰富康复景观的绿化元素，又能拉近人与环境的关系，从而满足人们对环境的归属感需求。

（3）治疗功能

在康复景观中，植物可以对人们的生理、心理和行为活动产生积极的影响，有一定的治疗功效。如今，很多人都会通过构建丰富的植物景观，来营造多样化的景观空间，致力于分散病患的注意力，从而起到较好的保健康复作用。伊丽莎白及诺娜·埃文斯康复花园便是一个成功的案例，它利用不同的植物群落对不同人群进行治疗，来缓解患者的症状。

如色彩鲜艳、形态可爱的乔木植物，可以提高儿童的思维能力；花海、草坪等大面积的绿化景观，可以帮助老年群体舒缓身心，减缓病症。

（4）生态功能

丰富多样的植物群落在康复景观中发挥着不可替代的生态治疗功效。一方面，植物自身所释放的负氧离子能有效调节人体的神经功能和代谢，还可以用于支气管炎、气喘病等疾病的辅助治疗，有利于人体免疫力的提高。另一方面，植物景观有净化空气、吸收有害气体的生态功能。比如，草地有较强的吸附粉尘的能力；树木能吸收一定的有毒气体，净化空气；月季、菊花、美人蕉等具有吸收二氧化硫气体的能力。

二、适老化康复景观的绿化设计方法

（一）绿地空间的适老化设计

在适老化康复景观中，绿地空间的设计必须要考虑到老年群体的户外活动特征和需求，从老人使用的安全性、舒适性、交往需求和易识别性出发，对其进行适老化设计。

1. 安全性

户外环境是否足够安全，将直接决定老人是否会到此地出行和活动。对于老年人而言，他们在绿地空间中活动时，普遍会担心自己的人身安全，有时会担心被台阶绊倒，有时会害怕在灯光昏暗处通行等。景观绿地空间的安全性主要表现为以下三个方面：

（1）道路的无障碍通行

老年群体的出行方式大多以步行为主，借助拐杖、轮椅等辅助交通工具出行也比较常见。因此，为了充分保证老人在绿地空间的出行安全，绿地道路的适老化设计应考虑两点：一是安全隐患的排除，二是无障碍绿色通道的增设。

关于绿地道路安全隐患的排除，应重点对绿地空间中的台阶、坡道进行无障碍处理。对于步行出行的老年群体来说，台阶的踏步宽度应超过 30cm，高度宜设置在 12cm ～ 15cm，且踏步数应在 10 级内。台阶两侧应设有扶手，保证老人上下台阶的安全。此外，台阶的路面应做好防滑处理，如可通过在台阶前增设盲道、文字、色彩等提示，或在台阶踏面上设有颜色醒目的防滑条等方式，以避免老人因踏空台阶而导致摔伤。

关于无障碍绿色通道的增设，应根据中心绿地、组团绿地、宅间绿地的人流量来设计通道的尺度大小。像中心绿地、组团绿地公共性较强，老年人的通行次数较多，其道路的宽度设计宜在 1.2m ～ 1.8m 之间。由于宅间绿地一般都会设置在社区单元楼入户的宅间小路上，通行的人流量并不大，所以其道路宽度的设计在 0.9m ～ 1.5m 之间即可。其中，为了给需要借助轮椅出行的老人提供方便，无障碍绿色通道的宽度设计宜在 1.8m 以上，以确保轮椅使用者能在交错的情况下顺利通行。当然，如果条件有限，其宽度设计必须要保证一位轮椅使用者能够安全通行，要在 0.9m 及以上。此外，针对无障碍绿色通道的铺装适老化设计，可将通道的路面设计成彩色的塑胶路面，或者是防滑性好的彩色混凝土路面，并增设轮椅停放空间。如此一来，无障碍绿色通道的可识别性和适老性就会大大提高。

（2）夜间出行的安全性

很多老人在晚饭结束之后，喜欢参加一些户外活动如散步、跳广场舞等，此时，照明系统是否完善将直接影响老人的出行安全。对于有夜行活动需求的老年人而言，适宜的灯光照射既能帮助老人辨识周围环境的障碍物，又能帮助他们明确前进方向，可见其重要性。而为了避免因照明灯光过亮而致使老人出现眩光的问题，就必须要采取相应措施来减少这种情况的发生。譬如，可利用半透明的灯罩来遮挡路灯，减少直射光带来的眩晕感；或者使用光线向下照射的灯具；还可以通过高位路灯和低位路灯的合理配置，使照射光线产生重叠，以此来减少老人眩光。

另外，老人对不同类型的绿地活动空间的照明需求也是不同的。像公共绿地、组团绿地的照明设施一般会使用较高亮度的灯具来照射，以保证老人户外活动的安全。至于无障碍绿色通道的照明，则可以在通道沿线增设路面灯、台阶灯，并配有相应的夜间标识系统、扶手等设施，从而为老人打造一条安全的夜间出行路线。

（3）植物的安全性

植物虽然是绿地空间中最主要的构成要素，但其使用的安全性却最容易被人忽视，最终影响人们的安全和身体健康。尤其是对于老年人来说，如果在绿地景观中种植一些容易引起虫害、带刺的、有飘絮或者是掉浆的植物，往往会对他们的呼吸、出行等带来困扰，情况严重的甚至还会威胁到老人生命安全。因此，为保证绿地景观中植物的安全性，应尽可能避免种植一些存在潜在危险的植物品种，如毛白杨、垂柳、杨树等。

2.舒适性

在适老化康复景观中，绿地空间给人带来的舒适性包括生理和心理两个层面，尽可能保证老人使用时的身体舒适和心情愉悦。

（1）生理层面

不论是较大规模的中心绿地、组团绿地，还是较小规模的宅间绿地，其公共设施的数量和质量直接关系到老人使用时的生理舒适性。

① 休憩设施。在绿地景观中，最基本的休憩设施就是桌椅，其中，桌椅的尺度大小和材质的选用是影响老人使用舒适性的两大主要因素。

在尺度大小方面：从老年人人体工程学的各项参考数据来看，适合老年群体坐高的最佳数值一般在45cm左右。如果再考虑到老年人的行为习惯和特点，座椅的高度宜设置在30cm～45cm之间，否则，座椅过高容易给老人的腰部增加疲劳感，还容易致使老人小腿肿胀；座椅过低又会给老人的起坐带来不便。至于座椅的宽度应控制在40cm～60cm之间，否则过宽或过窄都会影响老人使用时的生理舒适度。当座椅的高度确定以后，与之配套的桌子高度也就可以基本确定，一般保证两者之间的高度相差 30cm 左右即可。

在材质选用方面：绿地景观中常见的几种休憩座椅材质主要有石质、金属、防腐木和藤条。这些材质各有优缺点，比如石质座椅耐用、品种丰富，但舒适性一般；金属材质的座椅可设计成多样化的造型、不宜被损坏，但舒适性较差；藤条和防腐木材质的座椅，虽然可以给老人带来较高的舒适度，但容易损坏。从目前老人对不同材质座椅的偏好来看，藤条和防腐木材质的座椅更受他们喜爱，并且带有扶手、靠背和遮荫物的座椅还能大大提高老人的使用舒适性。

② 健身设施。绿地景观中除了会设置基本的休憩设施以外，还会设置部分健身设施供老人进行体能锻炼和康复训练，旨在为老人提供绿色健康的健身环境。其中，想要提升老人对设施使用时的生理舒适性，就要从设施的功能和质量两方面来考虑。一方面，要注意健身设施功能的不断完善，尽可能根据绿地的类型安排不同类型的健身器材。基础型的健身器材应以老人的康复训练为主，如太极推揉、坐蹬器、引体架等，使其有针对性地锻炼身体某部位，占地面积不用太大，可放在宅间绿地。综合型的健身器材应以老人的体能锻炼为主，要求种类丰富多样、摆放整齐合理，且能保证老人比较全面地锻炼身体部位，一般会放置在具有公共性的中心绿地和组团绿地当中。而另一方面，要注意健身场地舒适性的整体提升，不论是路面铺装还是健身器材，都可以选用比较醒目的颜色来设计，吸引老人注意。

（2）心理层面

不同尺度大小的绿地空间给老人的心理感受不同。从老年人的角度来看，其人均活动占地面积在 15m² ~ 50m² 比较适宜，能从心理层面提升老人对周围环境的舒适性。倘若人均活动占地面积小于 15m²，每分钟的人流量较大，容易给人一种拥挤、混乱的环境感受，老人就不会在该场地久留。此外，由于不同老年人的交往类型不同，所以他们对绿地活动空间的舒适尺度也有一定差异。在绿地空间的交往行为中，对于相互熟悉、关系比较密切的老人来说，他们更喜欢保持舒适的个人距离，然后相互分享和倾诉，以此来满足自己的心理诉求。对于互不相识的老人来说，他们更喜欢保持视线交往距离，一般不会进行过多的交流。

3. 交往需求

在绿地空间中，老年人的交往需求有两方面：一是老年群体之间的相互交往，二是老人与其他年龄层的群体交往。中心绿地的规模较大，能满足老年群体与其他年龄层人群的交往需求，如将老人的休憩区和活动区与儿童活动区结合起来。而规模相对较小的组团绿地和宅间绿地，则可以在一定程度上满足老年人相互交往的私密性需求。此外，绿地空间的休憩座椅宜设置成 L 形、一字型或者是 U 形，并在旁边设有灌木等植物营造较好的空间围合感，以便更好地提升老年人的交往意愿。

4. 易识别性

具有明显标识系统的绿地空间，能有效帮助老人明确自己的位置，既有利于提升老年人对户外空间的辨识和记忆能力，又能缓解他们迷路时的焦虑情绪。但由于不同老年群体的生理特点及需求不同，标识系统尤其是标识牌的适老化设计必须要从高度、图面来考虑。

（1）标识牌的高度和距离设计

标识牌的高度设计应考虑到普通老人、轮椅老人等不同类型老年人群视线活动范围。如果标识牌过高，老人需要持续性地抬头观看里边的提示信息，容易疲劳，如果设置过低，又会影响他们的视觉感受。所以，可将标识牌的高度设置在老人 45° 视角的范围内，这既可以减少老人的视觉认知错误，又能较好地满足轮椅老人的观看需求。此外，老人与标识牌的水平距离也会影响他们的观看效果。倘若标识牌与绿地景观小品之间留给老人观看的距离过近，就容易让老人忽视标识牌的底部信息，距离过远又容易导致老人看不清标识信息。所以，为了给老人带来舒适、全面的标识牌观看效果，标识牌与老人视线的水平距离宜设置在 1m～3m 之间。

（2）标识牌的图面设计

对标识系统易识别性影响较大的两个因素就是颜色和字体的选用。与普通年轻人相比，老年人的视觉能力较低，对颜色的认知和辨识能力也比较差，所以他们往往对颜色的明度、纯度等有较高要求。老人一般对红色和黄色的辨识能力较强，且不容易发生变化，因此，标识牌的图面设计建议以红色和黄色为主。至于标识内容，可选用粗细一致的宋体、黑体等字体，并以图文结合的方式呈现出来，方便为不同辨认能力的老人提供准确的信息提示，从而加强他们对绿地空间的方向辨识度。

（二）植物的适老化设计

与普通景观相比，康复景观的功能性和针对性更强，非常适用于老年群体的康复与疗养。老年人的生理机能、思维活动等逐渐衰退，并且时常伴随着各种感知觉障碍。因此，由于这一群体存有特殊性，植物的配置和选种应以刺激老年人的感官系统为主，并结合老年群体的生理特征和植物属性来配置，以便满足不同老年人的保健与康复需求。

1. 视觉刺激设计

植物的颜色、形态、摇摆动感、果实等都可以刺激人们的视觉感知。而将植物融入康复景观中供人欣赏，不仅可以给人带来比较强烈的主客观对比体验，缓解人体的视觉疲劳，还能美化环境，增强景观空间的绿化功能。

丰富的彩色叶植物可以营造不同的氛围空间，并对人们的情绪和心理体验产生影响。如将银杏和合欢、元宝枫和碧桃等植物进行合理搭配，能让整个康复景观变得更富有朝气和活力。但要注意的一点是，彩色叶植物会随着季节的变化而发生颜色变化，尤其是到了寒冷的冬天，它们往往只剩下干枯的树干，容易让人产生一种落寞、孤独的情绪体验。所以，适老化康复景观在选种植物时，应将彩叶植物和常绿植被混合起来种植，以实现"四季常青，四季有景"的设计目标。而针对庭院、居住社区等绿地占用面积不大的空间场所，就不宜种植过多的大型树种，否则不仅会影响户外环境的采光，还不利于老年群体的心理健康恢复。此时，低矮灌木、花草植被等就成为适老化康复景观设计的最佳首选，这既可以丰富景观的绿化空间，还能吸引老人走向室外与大自然亲近（如表4-4）。

表4-4　不同颜色植物的代表及康复作用

植物颜色	代表	康复作用
绿色	松类、垂柳、柏类等	给人以安全、希望的视觉体验；能缓解视疲劳，改善心脏功能，消除神经紧张
红色	牡丹、合欢、石楠等	给人以积极、热情的视觉体验；能促进人体血液循环，缓解抑郁等消极心理
紫色	薰衣草、紫丁香等	给人以优雅、高贵的视觉体验；能有效改善人体神经紊乱，镇定精神
白色	茉莉、白兰等	给人以安静、纯洁、神圣的视觉体验；能缓解身心压力，镇定安神
蓝色	八仙花、鸢尾等	给人以理性、凉爽的视觉体验；对发烧、呼吸等疾病的减缓有辅助作用，也有催眠功效
黄色	银杏、元宝枫等	给人以明朗、快乐的视觉体验；能刺激人体神经兴奋，提高注意力

2. 听觉刺激设计

植物本身一般不会发出声音，但它们可以在外界环境的作用下，发出悦耳的声音给人以听觉安慰。如，在休憩平台的周围种植梧桐树，可以让人们在休息时听到微风吹过树叶的沙沙声，促使自身的消极心态得到调整。此外，丰富多样的植物群落会吸引很多小动物来此筑巢栖息，鸟叫声、夏天夜晚的蝉鸣声等，都会给人带来悦耳的听觉体验。而这些植物所围合形成的阻挡空间，刚好可以成为老年人冥想和想象的重要场所，使其在"声景"的刺激下展开丰富想象。所以，如有必要，我们可以在植物景观中利用广播等现代声讯设备，在特定时间段播放与自然界声音有关的音乐，但应尽量避免噪音的出现，以达到帮助老人舒缓身心的目的。

3.触觉刺激设计

不同的植物身体部位，其纹理也会有一定差异。当人在触摸植物的枝叶、躯干、果实等部位时，可以亲身感受到不同的纹理质感，然后再让自己重新感知周围环境。尤其是对于盲人而言，他们无法用眼睛看到外面精彩的世界，只能用手触碰来认识自然，并重拾生活的信心。因此，适老化康复景观的设计，应尽可能避免使用带刺、易割伤人体的植物，而是要选择一些耐触摸的植物种植，从而使人真正感受到触觉的乐趣。

4.嗅觉刺激设计

人类的嗅觉感知与自身的情绪情感密切相关。在适老化康复景观中，不同的植物群落不仅可以给老人带来不同的嗅觉体验，还能对人体的保健与康复产生积极的生理作用。在设计时，可以在老人休憩、娱乐等场所种植薄荷、桂花、丁香等植物，使其在休息、闲谈和活动的过程中感受到植物的芳香，从而充分发挥出植物的芳香疗法作用。但在选择植物品种时，要避免种植会产生臭味的植物，否则容易对患有哮喘、呼吸道疾病的人群带来困扰，严重的甚至还会威胁到人的生命安全。如银杏树在秋天容易散发出阵阵臭味，而且脱落到地上的果实不仅会影响景观环境，还会影响人的视觉感受。

5.味觉刺激设计

在康复景观中，植物在味觉方面的功效很少得到运用。一方面是因为前期的种植和后期的维护管理都需要成本，另一方面便是供人们采摘的植物数量不够充足，难以保证每个人都能参与果实的采摘活动。因此，我们通常会设置不同规模大小的园艺种植区，吸引人们走出室外并自主参与园艺种植活动，使其体会到园艺种植、采摘和品尝的乐趣，进而给他们带来良好的味觉体验。如此一来，由于每个人都是自主参与园艺操作活动的，更容易激发其自觉维护和管理园艺环境的意识，所以，成本问题和采摘数量问题就能得到部分解决。

6.植物的群落设计

单一的植物品种无法真正满足空间丰富性的需求，也不能体现出景观对人体产生的功能作用。因此，适老化康复景观植物的群落设计应注重层次分明、丰富多样且搭配合理，像银杏、合欢＋金银木，栾树、云杉＋珍珠梅等，都是比较合理的植物群落搭配。这不仅可以营造出良好的围合空间，满足老人对户外环境的私密性需求，还可以保证老人在休憩、散步的同时欣赏美景，满足他们对环境认同感的需求。此外，康复性景观的植物群落设计要灵活变通，应结合绿地空间场地的用途和大小来合理增减植物品种，以避免给人们的视觉感受带来不适。比如，倘若绿地空间相对较小，不宜种植大乔木类的植物，就应避免种植该类树种，以保证绿地空间和植物竖向设计的协调与统一。总之，在适老化康复景观中进行植物设计时，应多采用自然式或阵列式的布局方式来种植（如表4-5），使植物群落从整体上更有规模性。

表4-5　适老化康复景观中植物群落的设计

作用功效	植物群落设计
用于辅助治疗心脏病、哮喘等症状	松柏类植物群落
可改善胸闷、痰喘咳嗽、心悸怔忡等症状	上层可种植雪松、樟子松、侧柏、油松等；中层可种植翠柏、红豆杉等；下层可种植金叶女贞等
具有舒筋活络、消肿、安神凉血等功效	上层栽植一定数量的银杏植株，自然丛植成片；地被植物可种植麦冬，并用葱兰、萱草等点缀

三、案例分析

接下来我们以北京地坛中医药养生文化园为例，针对适老化康复景观的设计情况进行简要阐述，从整体上分析该园的绿化景观设计，并提出相应的改造对策，仅供参考。

（一）北京地坛中医药养生文化园的介绍

北京地坛中医药养生文化园坐落于北京市东城区，大约占地25000m²，植物景观丰富，是我国首个将中医药学和景观设计结合到一起，并以"中医药养生文化"为主题的公园。该养生文化园是由原来的牡丹园改造而成的，其改造理念就是汲取中医药学的文化和养生观念，设计出一个集养生知识科普、互动体验、休闲娱乐于一体的主题公园。其主要的设计目的就是为了让游客和来这里锻炼身体的人充分感受到中药养生的文化内涵。

该养生园按照中医五行方位，以水系和陆路为经络经脉，将空间分成了金（肺区）、木（肝区）、水（肾区）、火（心区）、土（脾区）五个特色区域。这些区域相互贯通，并通过水、木、石凳景观要素的合理搭配，构成一个较为完整的生命体，并在一定程度上对应和烘托各自的区域主题。

1. 金区（肺区）

肺是掌握人体呼吸系统的重要器官，从中医药学的角度来看，宜将金区设置在整个康复景观的西边位置。在地坛中医药养生文化园中，该区域确实位于园区的西边方位，且白色是主色调，其中还设有金石雕塑和两个活动广场——导引广场和调息广场。园内景区中种植的树木以银杏、侧柏等具有养生保健功效的植物为主，并以七叶树为衬托，共同营造出帮助人体调节呼吸系统的绿化养生环境。其中，调息广场多设有银杏树和侧柏树，该广场常被人们用来进行一些动静结合的户外养生活动。而导引广场常被人们用来做导引运动，边上还设有以铺装鹅卵石为主的健身步道，可以让人们按摩脚底穴位，对人体的身体保健和康复疗养大有裨益。

2. 木区（肝区）

在五行属性中，肝对应土，从中医药学的角度来看，土区应设置在整个康复景观的东边位置。在地坛中医药养生文化园中，该区域确实位于园区的东边方位，主色调以青绿色为主，内含芍药、地黄等多种药用植物，并且还设有悦和苑、养生长廊、草药圃、杏林问茶等景点。该区域中蕴含了极为丰富的中医药养生文化，如养生长廊中通过展示彩绘作品、浮雕等方式，对外宣传养生知识。而草药圃中的木质葫芦更充分凸显了木区的主题特点，有"健康长寿、福禄吉祥"的寓意。

3. 水区（肾区）

肾是人体生命之根本，从中医药学的角度来看，宜将水区设置在整个康复景观的北边位置。在地坛中医药养生文化园中，该区域确实位于园区的北边方位，主色调是暗黑色，其中还设有小溪、山石、跌水、雕塑等景观小品，环境特点阴中有阳、山环水抱，能给人带来一种安静、惬意的视觉享受。该区域种植的植物大多数是沙地柏、雪松、青扦等常绿植物，山石周围也种有金银花、紫丁香、迎春、棣棠等植物。这些植物和景观小品的合理搭配，不仅营造了风景优美的自然景观，也为人们的身体保健与康复疗养提供了良好的养生环境。

4. 火区（心区）

在五行属性中，心对应火，从中医药学的角度来看，火区应设置在整个康复景观的正南方位。在地坛中医药养生文化园中，该区域确实位于园区正南方的位置，主色调以红色为主，并且还设有火焰雕塑、致和廊、涌泉广场等景点。其中，致和廊的长廊柱子和坐凳用红色涂漆，不仅凸显了该区域的主题特点，同时也是融合古典园林色彩的重要体现，很多老年人都非常喜欢聚集在这种环境中闲谈和活动。火区所种植的植物以红色花系为主，如红花刺槐、贴梗海棠、碧桃等，其中也配有黄色的连翘、绿色的垂柳等植物，植物景观丰富。

5. 土区（脾区）

脾具有化生气血、升清降浊的功效，从中医药学的角度来看，土区应设置在整个康复景观的中心位置。在地坛中医药养生文化园中，该区域被作为运动养生的活动广场，供人们活动和健身，还设有以"二十四节气"为主题的地雕，并配以相关的养生知识，让人在活动中学习。在该区域周围，种植了很多黄色系的植物，如棣棠、黄刺玫、连翘、元宝枫等，同时也搭配了一些雪松、海棠花等其他颜色的植物，使得该区域的空间层次更分明。

（二）整体分析

北京地坛中医药养生文化园的植物种类丰富，数量的分布和植物的配置都比较合理，这不仅可以形成空间层次多样化的植物群落结构，还营造出了适合人体养生保健的绿化环境。全园以中医药养生文化为核心主题，将景观设计与环境、文化、运动等中医药文化内涵充分结合到一起，形成了具有浓厚养生文化的主题公园，深受老年群体的喜爱。由此，该园也就成为老人出入比较频繁的重要活动场地。园区中植物、景观小品以及道路等要素，均是以不同区域的功能性质和景观特点为依据来设计的，并且植物颜色的选择和搭配也与五行代表色一一对应。如此一来，各个分区的植物景观与周围环境就能较好地融合到一起，具有极高的观赏性和文化性，能让人们在游览园区的同时，感受到中医养生文化的内涵。因此，从植物景观的角度来看，该园的景观设计有较高的借鉴价值，可为今后"健康花园、养生花园"等的景观建设提供可行思路。但从整体上来看，该园区的植物空间布局设计和配置还不够完善，并且缺少了人与植物之间的互动交流，仍有待进一步完善。

（三）该园区景观绿化的适老化改造设计

植物作为景观绿化设计的主要元素，其设计和配置都会直接影响到景观作用于人体的康复功效。在适老化康复景观中，植物的布局设计和配置都要以老年群体的审美和活动需求为主，促进老人主动进行康复锻炼，使其在健身活动的过程中，从各类植物中吸收有益身心健康的元素，从而实现老人慢性疾病的预防和身体康复。

1. 合理利用植物布局来分割景观空间

与景墙一样，植物也具有一定的空间建造功能，能将整个景观自然划分成开放性空间、带状空间、内向空间、垂直空间等多个不同体验的活动场所。相比于利用景墙、景观小品等围合而成的活动空间，合理利用植物布局来对园区的空间进行分割，不仅可以较好地满足老人对活动场地的领域感需求和私密性需求，还能起到一定的自然生态作用，如调节微气候、杀菌、降噪、防风沙等。譬如，将植物分层种植，不仅可以阻隔并吸收外界环境产生的噪声污染，还能有效避免这些噪声对老人的活动带来干扰，以便更好地满足老年人尤其是需要静养运动的老年人的需求。此外，由植物竖向分层种植形成的向心型内向空间，不仅可以大大丰富绿化景观的竖向空间设计，还能较好地调节空气温度和湿度，从而为老人的户外活动和健身锻炼营造良好的绿化环境。

2. 植物配置应以老年人的感官刺激为主

在养生文化园中，花卉、地被、乔木、灌木等植物的选用都对人体有一定的康复疗效，而且这些植物的合理配置，还能通过它们自身的色彩、形态、气味和寓意等给人带来更全面的康复体验和审美享受。一般情况下，人们在公园内所获得的活动体验大多都是被动型的，通常都会通过视觉、嗅觉、听觉等的感官刺激，来影响人的大脑神经。

（1）注重视觉刺激的康复性植物配置

眼睛是人类获取外界信息的重要感官之一，有 80% 以上的信息都是由眼睛来获得的。其中，植物对人体视觉的影响和刺激更多体现在植物的色彩上，并且早就有研究证明，植物色彩的配置能在一定程度上影响人的健康状态和情绪。从传统医药学来看，我国很早就开始关注并研究颜色与人体疾病之间的关系，如黄帝内经中"五脏六腑，固尽有部，视其五色，黄赤为热，白为寒，青黑为痛，此所谓视而可见者也"。意思是指：人的五脏六腑在面部有其对应的部位，通过看面部的五色变化就能诊断出疾病，如黄色赤色主热，白色主寒，青色黑色主痛。由此可见，植物色彩的合理搭配，对适老化康复景观的建设有极为重要的促进意义。

从老年人的生理特点及需求来看，老年人群的晶状体逐渐退化，对颜色的敏感度和辨识度明显降低，尤其是难以准确分辨出蓝紫色等短波长的颜色搭配。所以，植物配置应尽量选用红色、黄色、白色和青色作为园区的主色调，并根据景观的实际情况和老人的康复疗养需求进行植物色彩的合理搭配。

如红色能给人带来一种热烈、喜庆、亢奋的心理感受，对缓解低血压、抑郁症、孤僻症等不良状态有一定的效果。考虑到中医药养生文化园火区的植物环境和活动场所，可进一步丰富红色系的植物种类，并将其分成红色色调的观花、观叶、药草三类植物。如观花类的月季、牡丹、玫瑰、杜鹃、桃花等，观叶类的红枫、映山红、红花檵木等，药草类的山楂、枸杞等。

黄色的色彩亮度较高，能给人带来一种温馨、活力、希望的心理感受，对改善消化不良、阿尔茨海默病、糖尿病等不良状态有辅助疗效。考虑到中医药养生文化园区的植物环境和活动场所，可进一步丰富黄色系的植物种类，并将其分成黄色色调的观花、观叶、药草三类植物。如观花类的向日葵、蜡梅、迎春花等，观叶类的黄金槐、金叶女贞、黄金榕等，药草类的黄连、黄栀子、黄蜀葵等。

青色能镇定心神，给人一种冷静、不张扬、稳重的心理感受，对改善高血压、焦虑、眼部疾病、阿尔茨海默病等不良状态有促进作用。考虑到中医药养生文化园木区的植物环境和活动场所，可进一步丰富青色系的植物种类，并将其分成青色色调的观花、观叶、药草三类植物。如观花类的蓝花楹、八仙花、丁香、蝴蝶花等，观叶类的银兰、蓝杉、铺地柏等；药草类的白芍、芦荟等。

白色的明度与纯度最高，能给人一种淡雅、高贵、纯洁的心理感受，对心脏病、高血压、易怒等不良状态有一定的调节作用。但是对于患有抑郁症、孤独症的老人来说，不适宜在该环境中长久活动。考虑到中医药养生文化园金区的植物环境和活动场所，可进一步丰富白色系的植物种类，如观花类的玉兰、满天星、睡莲、葱兰等，药草类的白茯苓、白芷等。

（2）注重嗅觉刺激的康复性植物配置

嗅觉可以对人体的大脑中枢神经系统、免疫系统等产生直接性的刺激和影响。而植物本身所散发出的芳香气味有特殊的神经传导素，能有效调动和调节人体的神经和免疫系统，使其协调运作，不仅可以帮助人们舒缓身心，还在某些疾病的康复与治疗方面发挥着重要的辅助作用。而且，植物中的芳香分子具有杀菌、净化的作用，能间接保护人们的身体健康。

不同种类的植物所散发出来的香味不同，蕴含其中的芳香分子对人体疾病的辅助治疗效果自然也会存在差异。如，茉莉花的香味有驱蚊的效果，能在一定程度上缓解中暑、头晕目眩等症状；丁香花有净化空气、杀菌的能力，其香味可以帮助老年人缓解焦虑、头疼等不良状态。但要引起注意的一点是，植物的芳香气味不宜过浓，需要考虑老年人的需求和实际作用效果，来合理配置嗅觉刺激的康复性植物，并且应避免选择有毒、易过敏的植物。此外，由于人的嗅觉普遍存在混合抑制消除的现象，所以还要保证植物种植间距的合理性，避免出现某种植物芳香覆盖其他植物香味的情况。通常情况下，我们一般会将同一科的植物进行合理混种。

（3）注重听觉刺激的康复性植物配置

在自然生态环境中，不论是丰富的色彩和气味，还是具有无穷变化的声音，都与植物有着密切关联。其中，声音虽然有无穷变化，但归其根本无非就两种：一种是植物叶片在风、雨、雪等自然条件的作用下发出的声音；另一种则是由植物景观吸引而来的鸟类、昆虫等小动物发出来的声音。

声音对人体的身体康复与疗养有较好的辅助作用。北宋哲学家邵雍在研究《周易》时发现，十二律吕有很多种振动频率，有的可以舒缓人的身心压力，甚至还会起到消灾祛病的效果；而有的则会对人体造成一定损害。此外，也有现代科学研究表明，某些特定频率的声音可以与物体产生共振，将坚固的物体震碎；而有的声音却可以促进植物的生长和动物的生产。除了生理层面的影响，声音还能影响人的情绪和情感。不同植物营造出来的"声景"不同，对人体的情感塑造自然也会有一定差异。如古诗词《望江南·宿宣和古庙即事》中的诗句"百尺松涛吹晚浪，几枝樟荫挂秋风"，便通过松涛声来抒发清幽淡雅之感。可见，声音对人们的心理状态和精神面貌都会产生影响。

中国在古代就有了用声音治疗和预防疾病的方式，并以中医药文化为依据，运用五行相生相克的关系来帮助人体保健和康复疗养，这对现代适老化康复景观的设计具有重要的启示意义。对此，关于中医药养生文化园听觉刺激的康复性植物配置，可从五音、五行、五脏、四时等角度出发（如表4-6）进行改造设计。

表4-6 以五音疗养为主的康复景观设计

五音	五行	五脏	四时	特点	声音疗效	建议
宫（Do）	土	通于脾	长夏	包容万物的土系能量，主运化	能调理人体的脾胃经（消化系统），对食欲不振、神衰失眠等症状有治疗功效	可通过土元素造景，如喷泉、草皮等，用来辅助平和气血、静养练功
商（Re）	金	通于肺	秋	清净明朗的金系能量；主收敛	能调理人体的肺经（呼吸系统）；对咳嗽眩晕、气血耗散等症状有治疗功效	可营造明朗坚实的音场氛围，用来辅助聚气储能、以静保健
角（Mi）	木	通于肝	春	清新委婉的木系能量，主生发	能调理人体的肝经（免疫系统），对血流不畅、肝气郁结等症状有治疗功效	可利用木材元素营造充满生机的绿色景观，用来辅助通经活络、以动保健
徵（Sol）	火	通于心	夏	明亮热烈的火系能量，主生长	能调理人体的心经（内分泌系统），对胸闷气结、身疲力乏等症状有治疗功效	可营造欢乐向上的音场氛围，用来辅助振奋精神、以动保健
羽（La）	水	通于肾	冬	以柔克刚的水系能量，主收藏	能调理人体的肾经（循环系统），对头疼失眠、虚火上开等症状有治疗功效	可营造欢乐向上的环境氛围，用来辅助振奋精神、以动保健

3.适当增设园艺活动区

在北京中医药养生文化园中，虽然种植了丰富多样的植物，但人们大多都是被植物的色彩、气味和质感所吸引，属于被动体验。如果可以适当增设园艺活动区，就能激发老人的主观能动性，使其通过园艺种植主动增加与植物的互动。其中，园艺活动区植物种植的方式不仅要有地面上种植，也要设有不同高度的抬高种植池，以满足不同身体状况老年人的园艺需求。至于可在园艺活动区内种植的植物类型也有很多，大体上可以分为蔬菜类植物、观赏花卉类植物、药草类植物三大类。

（1）蔬菜类

自古以来，我国就是以农耕为主的国家，蔬菜的种类从原来的几种逐渐发展成为上千种，承载着我国多少劳动人民的心血和记忆。对于老年人而言，蔬菜农作物的种植能较好地吸引他们自发进行集社交和运动于一体的园艺活动。通过每天的园艺活动来锻炼身体，促进身心康复，并且还能收获绿色无污染的蔬菜美食和社会成就感。

蔬菜除了是人类日常生活中不可或缺的重要食材，更是人类预防疾病、身体保健的辅助材料。不同的蔬菜类植物对人体疾病的康复有不同的作用效果。如芹菜中含有降压物质，能降压安神，适合患有高血压的老人种植；白菜中含有纤维素，能促进身体代谢，适合患有肥胖症的老人种植；甘薯中含有抗癌物质，可以有效抑制癌细胞的发生，适合有癌症家族遗传病史的老人种植等。种植蔬菜的康复效果不仅仅体现在食用方面，更多的是来源于人们对蔬菜种植、生长和养护的全过程。在这个过程中，老人要根据自己的身体能力去完成各种种植活动如松土、搭架等，有时还要频繁完成如弯腰、下蹲等动作。此时，老人各项身体机能就可以得到很好的锻炼，尤其是对身心健康的调节和改善有显著的促进作用。

（2）观赏花卉类

花卉的观赏价值很高，还能用来抒发人的情感和品格，是一种能在某种程度上展开人与人交流的表现形式。在我国古代，很多文人雅士都会在庭院中种植一些能表达自己性情和人生态度的花卉，如陶渊明的

"采菊东篱下，悠然见南山"，便借助菊花来展现自己怡然自得的心境。而在现代社会中，虽然也有很多人在室内种一些绿植盆景，但却容易吸引蚊蝇，而且几乎无人与之交流。所以，如果养生文化园可以为老人提供种植观赏花卉的场所，就能更好地吸引老年群体自发进行园艺种植活动，增强人与植物的有效互动。如此一来，公园内植物的种类就会逐渐变得更加丰富，而老人在花卉种植的过程中既可以相互交流，还能锻炼身体、调整心情，从而进一步促进他们的身心康复。

观赏花卉对人体产生的康复效果更侧重于种植的过程，从发芽到结果，不同的种植阶段都有其独特的动态美，旨在帮助老人感受大自然的生命旋律，使其能坦然面对生老病死。同时，老人可以选择不同种类的花卉进行种植，用来寄托和表达自己的情志，如牡丹代表吉祥、富贵，菊花代表清净、高洁，兰花代表高雅、淡薄等。而在种植过程中，老人还可以找到一些志同道合的朋友，丰富自身的晚年生活，这将对消除他们离职退休后缺乏精神寄托的孤独感和无法实现自我价值的精神压力大有裨益。

（3）药草类

中医药材一般是指自然生长的药草类植物，这类植物为我国的医药学发展作出了卓越贡献。自古以来，中国的医家和文人都非常注重开园造药，杜甫曾写到"何当宅下流，余润通药圃"，这就表明当时的药材种植就有了一定规模。从广义上来讲，药草植物涵盖了所有具有药性的植物，而本书中所提到的药草是指有一定针对性康复疗效的药材植物，这刚好与中医药养生文化园的主题思想不谋而合。如果可以在养生文化园中为老人提供种植药草类植物的园艺平台，并配有专业的种植指导人员，就能大大提升药草植物作用于人体的康复疗效。此时，老人对植物色彩、气味等的被动体验就变成了主动参与和享受。其中，具有治疗和康复功效的药草类植物有很多，如红花、三七、黄芪、白芨、土茯苓、金荞麦等，需要结合养生园内五行区域的分布进行种植。

第二节 道路铺装的设计与案例分析

一、相关概念

（一）道路

1.道路的类型及作用

道路作为人们移动的主要通道，包括机动车道、步行道等，在很多人的潜意识当中占据主导地位。在居住区中，人们在道路上散步或活动时所观察到的景观环境，其主要构成要素始终都是沿着道路的走向和设计来展开相应布局的。由此可见，道路的铺装设计与景观环境是息息相关的。道路系统不仅是构成居住区的基本框架，更是连接人们各种活动的重要纽带，可以大大促进人与人之间的沟通、交往和娱乐等活动，并且有交通疏导的作用。

在适老化康复景观中，道路的类型有两类：车行道和步行道。不同的道路铺装有其自身的独特功能。在居住区中，车行道在整个道路组织系统中占据主体地位，大多采用混凝土来铺装。它不仅连接着社区内和外界环境的交通，还能将社区户外环境中的绿地、活动场地、公共服务设施等要素紧密联系起来。在人车分流的道路组织系统中，车行道与步行道各自独立且互不干扰，此时，车行道几乎承担了居住区内外联系的所有交通功能。而步行道作为连接社区内绿地与活动场地的主要道路，兼具交通和休闲两方面的功能，但以休闲功能居多。

2.道路的设计原则

在适老化康复景观中，道路的设计原则首先要分清楚道路系统的主次层级，方便老人识别。在居住区中，道路的层级可分为四种：主要道路，用来联系社区内外的道路交通；次要道路，用来解决社区内的户外交通；组团级道路，又叫作支路，用来解决住宅内外的道路交通；宅前小路，是可通往各单元门前的小路。此外，除了上述四种，还有专门供人散步活动的林荫步道，也是居住区内常见的一种道路组织。其次，要缩短路程，尽可能保证人们能用最短的时间到达目的地。考虑到老年人群体的活动特点及需求，道路的设计必须要结合老人的活动路线来确定道路走向，从而减少多余的、不必要的道路组织。最后，道路的设计要避免从社区内穿行，影响人们的正常使用。

（二）道路铺装

所谓的道路铺装，是指对路面结构层的铺装，其应用范围比较广，常被用来作为多层结构中沥青面层的磨耗层、养护维修中的薄层罩面和桥梁铺装所用的路面等。

道路铺装设计作为适老化康复景观中的一部分，主要是在景观建设过程中通过利用不同的材料铺砌和装饰的方法，来养护维修道路路面，从而使得道路组织系统与整个景观环境相呼应。这不仅可以进一步优化整体的景观建设效果，还可以大大提升康复景观的观赏性，从而给人们带来良好的视觉体验。在适老化康复景观的施工过程中，最主要的施工内容包括道路、活动场地以及景观小道等。其中，能够影响适老化康复景观施工质量的两大因素就是道路的铺装材料和道路的铺装技术。

1.道路铺装材料

道路铺装的材料有很多，如沥青、砂土、砖、橡胶等，而且不同功效的道路铺装所采用的原材料也是各不相同的。

在居住区内，主要道路包括车行道和人行道，通常会采用混凝土、沥青、混凝土砖来进行路面铺装，不仅坚固耐用、抗压性强，而且方便前期施工和后期的管理维护。居住区内的次要道路主要包括出入口、车行道、步行道和停车场等区域，通常采用混凝土砖、混凝土、石灰石、沥青等材料进行铺装，具有耐用、防滑、抗压性强、防腐蚀等铺设效果，而且方便施工和维护。宅间小道一般包括单元楼前的公共通道和相关的辅助道路，通常会采用石灰石、鹅卵石、陶瓷广场砖等来进行路面铺装。这些材料各有优缺点，有的虽然抗压性一般，但有防滑、平整、纹理性高等铺设效果，与老年人的使用需求不谋而合。而有的则有较强的导向性、抗压性和适用性，能引导老年群体外出活动，但是花费的成本较高。而针对社区内中心活动广场、健身空间和观赏空间等区域的路面铺装，一般都会用到人工草坪、软质素材、石灰石、鹅卵石、洗石子、陶瓷广场砖等材料。其中，不同功能的区域对路面的铺设效果不同。如景观观赏区、老年人活动区等区域，对抗压性的要求不高，但必须要具备防滑、色彩和图形丰富、施工方便等铺设效果。而像健身区和活动区，则要求路面防滑且质地柔软，为老人的健身和户外活动提供一个舒适安全的环境。中心活动广场需要承载很多户外活动，容量较大，所以需要有较强的抗压性，而且也要防滑、耐用。

2. 道路铺装技术

道路铺装技术是保障适老化康复景观成功建设的重要基础，更是整个景观建设的首要环节。

在居住区的道路铺装中，将各种材料的路面铺装技巧掌握好，能大大提升道路铺装的质量和效率。譬如，混凝土的铺装常见于园路、自行车停放场等场地，造价较低、施工方便，一般可采用刷子拉毛、铁（木）抹子抹平、清理表面灰渣等方法进行表面处理。但这种路面往往比较单调，而且缺乏质感，所以还需要增设变形缝来丰富路面的变化和层次感。灰泥铺装是指水泥、水和砂按照一定比例混合来进行道路铺装的，常见于庭院空间中的通道、露台等位置。其铺设方法一般是先用混凝土打一层基础，然后再用灰泥铺装路面，方法简单且容易操作，所以应用比较普遍。色彩鲜艳的红砖铺装大都专用于人行步道，虽然易磨损、硬度较差，但却与户外环境的绿化形成强烈对比，能给人眼前一亮的视觉享受。

自然石铺装需要选用形状和大小相同或极其相似的自然石块。在铺装时，应尽量避免大小石块集中编排，使这些大小石块参差排列，以保证路面的铺装更协调、更自然。

关于对道路铺装技术的应用控制，一般可从以下几个方面来考虑：

（1）明确铺装材料的标准

在选择道路铺装材料时，除了要满足基本的性能以外，其承载能力也要达到要求，也就是指铺装材料有较强的强度和耐久性，既能承受人和车的负荷强度，也能抗冻、耐磨、不褪色。尤其是对于一些特殊的景观环境，还要求所用到的铺装材料具有一定的耐腐蚀性。此外，关于车行道和步行道的路面铺装，既要选择平坦、防滑的材料，也要保证所用材料不易受到外界环境变化的影响，如气候条件等。而从施工的角度来看，铺装材料的选择与使用要尽可能保证施工的安全性、无噪声和便捷性，以减少道路铺装所带来的环境污染和噪声污染。

（2）道路铺装构造技术

在日常生活中，我们经常可以看到凹凸不平或铺装损坏的路面，使得周围环境的观赏价值大大降低，而且还会给人们的正常行走带来诸多不便和安全隐患。此时，就需要道路铺装构造技术来加以控制，分别对路面层、结合层、地基乃至基层等构造形式，按照从下至上的顺序进行压力处理。其中，由于路面层暴露在外，还会受到寒冬、酷暑等气候条件的影响，所以，道路铺装构造技术的应用还要保证路面层具有一定的耐磨性和坚固度，从而提高路面的防滑性。

（3）道路铺装材料的使用技术

从目前的情况来看，现代化的道路铺装设计并不是只起到了分隔环境空间的作用，而是在这一基础上愈发注重生态功能的发挥。那么，该怎样建设一个具有生态功能的道路组织系统呢？可以从这几个方面来考虑构筑，如可选用热辐射较小的铺装材料；可选用渗水性较强，且防滑、耐磨、不吸尘的材料作为路面层铺装；可选用透水性较强的材料作为道路铺装的构造层等。

3. 道路铺装设计要素

道路铺装是一种重要的空间界面分隔形式。[①]在居住区中，道路铺装始终与居民相伴，它不仅影响着整个景观环境的观赏效果，同时也是适老化康复景观设计中不可或缺的一部分（如图4-2）。

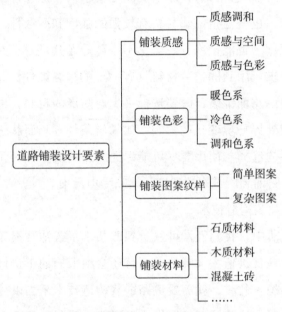

图4-2　道路铺装设计的构成要素

（1）铺装质感

铺装材料的质感能诱发人们强烈的心理作用。譬如，质感细腻光滑的材料通常会给人带来一种优美雅致的感觉，而质感粗糙、无光泽的铺装材料能让人产生一种亲切感。尤其是在居住区中有很多空间类型，像

---

① 　张愈，伍后胜主编. 中国疗养康复大辞典[M]. 北京：中国广播电视出版社，1993.06：53-57.

休闲区、活动广场、出入口等，并且这些空间对铺装材料的质感要求也是各不相同的。出入口一般会选用比较细密、精致的材料铺装，来彰显出景观空间的优雅形象，并且还会对饰面进行防滑处理；步行道路和休闲区则要选用一些质地比较粗糙的材料铺装，以便给人一种亲切感；运动区和娱乐区宜选用质地柔软的铺装材料，以确保人们运动和玩耍时的安全。

铺装质感的好坏一般取决于材料质感给人带来的各种感受，这通常与质感调和、空间、色彩等因素有关。

① 质感调和。道路铺装的质感与环境、距离有着极为密切的关系。铺装效果的好坏与否，不仅仅取决于所用材料的好与坏，还和是否与周围环境协调统一有关。所以，在选择铺装材料时，要格外注意一点，即：所选铺装材料应与周围建筑物相调和。

关于铺装材料的质感调和，可从同一调和、相似调和、对比调和三个方面来考虑。譬如，在道路上用地被植物、砂石、混凝土铺装时，使用同一材料更容易让路面整洁和统一，而且在质感方面也非常容易被调和，但如果选用多种材料，就会大大增加道路铺装的难度。而混凝土与碎大理石等组成的大块、整齐的地纹，在质感方面往往有着较高的相似统一性，更容易形成调和的美感。对比调和作为一种提高道路铺装质感美的有效方法，在日常生活中也是比较常见的，如草坪中用步石做点缀，使得草坪的柔软和石头的坚硬质感形成鲜明的对比。

② 质感与空间。外部空间的各项尺度参数一般都会远远大于室内空间的尺度参数，因此，质感也需要做好相应的变化配合。大的空间应粗犷一些，给人一种稳重、开阔的感觉，宜采用大面积的粗糙铺装。由于小的空间比较细致，尺度参数小，能够给人一种精致、柔和的感觉，所以在铺装设计方面更注重细节方面的精细化处理。

③ 质感与色彩。铺装材料的质感变化应与色彩的变化相互协调。倘

若色彩的变化较多，那么质感变化就要相应减少。如果色彩和纹样都比较丰富，那么所用铺装的材料质感就要简单一些。

（2）铺装色彩

在道路铺装中，色彩是十分重要的设计元素。色彩的合理使用，不仅可以表达景观中的象征寓意和文化内涵，还能突显出道路景致的独特风格，使得原本朴素简单的车行道和步行道变得更富有活力和吸引力。在道路铺装设计中，不同的色彩有其自身的艺术内涵表达，而且还能间接反映出不同使用者对景观环境的心理感受。譬如，高亮度、低纯度的铺装色彩，能给人一种轻松的感觉，而低亮度、高纯度的铺装色彩，往往会给人一种紧张的压迫感。因此，我们可以用不同的色彩来营造不同氛围的景观空间。比如，可以用优雅、静怡的铺装色彩来表达空间的温暖气氛，或者可以用自然的铺装色彩营造宁静自然的景观空间，还可以用热闹喧嚣的铺装色彩来让人感到景观空间的热情等等。

在道路铺装设计中，色彩可分成暖色系、冷色系和调和色系三类。而且不同的铺装色彩给人带来的视觉体验和心理感受也是各不相同的，这通常与色彩的明度有关。暖色系如红色、黄色、橙色等，能让人产生一种兴奋感，故又有"兴奋色系"之称。具体来看，代表热情和活泼的红色，既可以表达一种充满激情的力量，也能向人们传达警示。一般采用红色标识的道路铺装，能给行人和车辆司机以适当的安全提示，从而为人们的出行营造一个安全的空间环境。色泽鲜艳的橙色道路铺装，能让人在寒冬中感受到一丝暖意。而明亮黄色代表着希望之光，可以给人带来愉快的情感，同时它也可以作为一种警示色彩吸引人的行走视线。冷色系如绿色、蓝色等，能给人一种安静的空间感，故又常被称为"安静色系"。绿色是健康和希望的象征，能给人带来一种平静的心理感受。倘若我们的视觉受到刺激或者感到不舒适，就可以利用带有绿色的事物来缓解并恢复视觉。因此，单从铺装色彩来看的话，绿色更适合适老化康复景观的道路铺装。调和色系有纯洁的白色、高雅的灰色和庄重的黑色，这些色彩的合理搭配能给人带来重量感的视觉体验。白色有简单、洁白的涵义，能给人带来一种轻松开阔的空间感和清净典雅的心理感受。灰色有朴素、沉稳的寓意，能给人一种安定、稳重的视觉感受，同时还能满足人们对空间环境的舒适感需求。由于灰色可以与很多景观的铺装风格融合，所以，灰色是调和色系中使用最多的一种色彩。

总之，在道路铺装设计中，色彩的选择与应用也是一门比较复杂的艺术。因此，在选用铺装色彩时，应在充分了解色彩的属性、寓意表达和感受传递的基础上，结合景观空间的性质、风格和环境等来进行色彩的搭配设计，从而构建具有丰富色彩的景观道路系统。

（3）铺装图案纹样

在康复景观中，道路系统的铺装设计一般都会用它多样化的形态、图案、色彩等来衬托周围环境，既能美化环境，又能增加景观的景致特色，给人带来良好的视觉享受。而且不同铺装图案的使用功能也是不同的。比如，砖石结合所形成的铺装图案，有一定民族特色，能凸显出当地的地域文化特色；波纹图案更适用于面积较大的活动场地；不同颜色和形状所形成的图案，能突出路面的远近透视。

铺装图案会随着活动场地的不同而发生某些变化，强调路面的图案、材质要与景观的意境充分结合，以便发挥出铺装图案的路面修饰作用和深化意境的作用。像与人的视线垂直的直线图案，可以强化空间的方向感，具有引导性；冰裂纹等效仿自然的铺设图案，能深化环境中的自然意境，给人一种朴素自然的感觉。倘若所用到的铺装材料尺寸比较大，类似于铺面板，那么就应该使用比较简洁的图案。只有在需要重点强调某些特殊功能的时候，才可以选择使用一些有明显区别的图案，并且要注意切不可将多种色彩和形式的铺装材料混合起来使用，避免因路面过于花哨、复杂而让人感到不适。此外，在选择铺装材料时，要考虑到所铺道路是车行道还是步行道，是主要道路还是次要道路等，也就是根据道路的用途来选用铺装材料。当选用面积较大、表面光滑的材料进行道路铺装时，要确保路面的整体设计不会与铺设图案相冲突，同时也要保证所用的材料颜色与周围建筑和景观环境协调统一。

从目前的情况来看，人们很难设计出大量相对复杂的铺装图案。因为这些图案并不能按照透视比例的大小进行缩小变化，以至于它们在地面上看是倾斜的状态。而且，过于复杂的铺装图案难以让人理解蕴藏其中的含义，尤其是对于老年群体而言，更容易让他们迷失方向。因此，人们常常会用一些小的单元构件如砖、小方块等元素，来丰富道路铺装的图案。更重要的是，这些元素所构成的铺装图案对材质和形状的选择都有更大的灵活性，适用范围更广泛。譬如，在使用鹅卵石铺装时，我们需要根据这些鹅卵石的形状来设计，可被用来铺设步行道或者当作防滑饰面。而将鹅卵石和其他材料共同构成铺装图案时，鹅卵石既可以放在转角处的位置，用来堵塞道路，也能单独铺设成步行小路，突出空间层次感。

（4）铺装材料

通常情况下，为了保证道路铺装材料的黏附力，材料本身的使用范围就会受到极大的限制，但不能因此就让道路的饰面变得单调。所以，在选择铺装材料时，既要考虑到这些材料之间的协调性，也要考虑所用材料是否与地块道路的形状相匹配。比如，相较于长方形、正方形的铺装材料，现浇混凝土和碎石块可能更适用于圆形或相对特殊的地形铺装。如果仍用正方形和长方形的材料来铺装，就需要对这些材料进行大面积的切割，容易造成资源浪费。因此，想要选好道路铺装材料，首要工作就是要做好对周围地形、环境的观测和体验。

而为了构建一个富有个性和意义的道路组织，不论是车行道还是步行道，都有必要使用多种材料或不同颜色的同一种材料进行道路铺设，且要适当增加路面基础厚度。尤其是在使用不同材料铺设路面时，应尽可能让每一种材料都占用较大的面积，并且图案越复杂，占地面积就要越大，同时还要保证这些材料能够自然过渡、衔接光滑。当选用的铺装材料颜色不容易与周围绿化和环境协调统一时，就可让材料保持原本自然的颜色，如鹅卵石、碎石等，从而保证整个道路铺装设计的协调性和统一性。

二、适老化康复景观的道路铺装设计方法

在适老化康复景观的道路铺装设计中，所选用的铺装材质应该由不同活动场地的功能来决定，以便真正实现景观康复功能与建筑美学的有效结合。对于老年人而言，他们的身体协调性会随着年龄的不断增长而逐渐下降，因此，为了防止老人摔伤，道路铺装材质的选择应该是防滑、平整的。特别是居住区的道路铺装，应该考虑到老年人群体的生理特征及需求，把握好铺装材料的亮度。太亮或反光度太高的材料，容易让老人眩晕，而亮度太暗，又容易让老人看不清楚前方的道路状况。因此，适老化康复景观的道路铺装设计除了要满足老人的基本行走需求和安全感需求，还要考虑到老人的身体感知能力。

（一）铺装设计

1. 以"变废为宝"为原则选用铺装材料

在道路铺装设计的过程中，为了节约资源和铺装成本，我们的首要工作便是仔细观测原有路面的环境特点，因地制宜地进行铺装设计，并适当与绿化植被结合，以此来构建具有生态功能的康复景观。

当选用正确且适宜的材料进行铺装设计时，不仅能满足人们的使用需求，还能减少后期对道路系统的维护频率。可见，慎重选择道路铺装材料尤为重要。一方面，我们要在"变废为宝"的原则指导下，尽可能选用当地的、原生态的自然材料进行道路铺装设计。如有必要，还可以

收集一些废弃无污染的材料，对其进行加工和处理，并将它们融入道路铺装设计当中，从而给人一种独特的视觉享受。这种铺装方法，既经济又环保，甚至有时候还会收获令人意想不到的路面修饰效果。另一方面，要尽可能减少大面积透水性差的铺装材料的使用。倘若在路面铺装过程中用到了这类材料，就要与周围的绿地、植被等结合起来，形成色调风格统一的景观环境，从而减少铺装所带来的不良影响。

2. 铺装形式应满足不同环境的功能使用需求

道路不仅贯穿了整个景观的交通系统，同时它也是联系各个活动场地的重要纽带。合理的道路铺装形式，除了能给人带来良好的视觉享受，还能通过色彩、质感和图案等细节处理，与周围环境共同形成一道独特的风景线，从而提升人们对景观环境的审美情趣。从道路铺装设计的施工技术来看，多样化的铺装形式应该尽量满足不同环境的功能使用需求。譬如，花街铺装通常是将规整的砖和不规则的卵石、石板、碎瓷片等废弃材料结合起来，使得原本废弃的材料得到二次利用，既能节约成本又能节约资源。块料铺装是指用大方砖、块石等材料配合制成各纹样图案的饰面，有一定的防滑性和装饰性，能美化景观环境。整体路面一般是利用混凝土材料进行铺装设计的，有较强的平整度和耐磨性，方便清扫和后期维护，这种铺装形式大多被用于主道路的设计。塑胶铺装常被用于老人和儿童活动区的道路铺设，其目的主要就是为了给老人和儿童提供一个安全、防滑、防摔的休闲活动场所。

3. 道路铺装的边界设计

边界，是指不同空间的分界界限。在道路铺装设计中，边界既包括铺装材质的分界，也包括铺装与植物、构筑物等要素的衔接分界，这种边界设计能更好地丰富景观空间环境。

首先，是针对不同材质的铺装边界设计。道路的铺装一般是按照一定的规律，先利用点、线、面等多种元素共同组合成铺装图案，然后再通过色彩、构图样式、材质或者分隔带等的变化，形成边界或进行边界处理。铺装边界的设计及处理，能较好地吸引行人的视线，并且在丰富道路铺装视觉效果的同时，给整个景观环境带来活力。其次，是针对铺装与植物的边界设计。道路铺装与植物之间的边界可通过不同景观元素的变化来产生，如可设置铺装分隔带、分隔石、白钢板等，以此来增加景观空间层次感和艺术魅力。最后，是针对铺装与构筑物的边界设计。这里的边界设计有模糊性和确定性之分，包含道路铺装与台阶、亭廊、建筑物、水池、树池等景观构筑物的边界处理。其中，景观中的模糊边界能实现不同空间的自然衔接和过渡，在铺装设计上有较强的灵活性。

4. 提供功能多元化的铺装设计

（1）保健型铺装

道路铺装设计不仅仅是为了方便老人出行和外出活动，更是为了促进老人的身体保健。例如，当老人在铺有鹅卵石的道路上行走时，路面上的鹅卵石就会刺激老人的脚底穴位，从而对他们的身体保健和康复疗养有积极的促进作用。不同形式、色彩和图案的道路铺装，会给人带来不同的视觉和触觉感受，但要尽量避免使用过于抽象的铺装图案，否则容易对内心焦虑的老人群体带来不同程度的消极影响。

（2）生态化铺装

首先，道路铺装的质感、色彩都应与当地的气候条件相匹配，并适当与绿化植被等遮光结构结合起来，以此来避免眩光或减少不必要的热量集中。其次，应采用具有生态环保功效的材料进行道路铺装设计，从而在美化环境的同时，发挥出自身的生态价值。譬如，植草砖和植草格便是一种软硬结合的环保型铺装设计，既具备了一定的抗压力和透水性，也有一定的生态价值，可用于干热地区。最后，在面对道路两侧的散水区等特殊场所时，应使用透水性较好的铺装材质，如鹅卵石，既美化了周围环境，又符合生态化铺装设计的要求。

（3）无障碍铺装

老年人的行为活动通常表现出行动不便、行动缓慢等特点，如果可以为他们提供无障碍的道路铺装设计，就能更好地保障老人出行和户外活动的安全性。在诸多铺装材料中，有很多都会给老人的外出活动带来安全隐患，如砂岩材料的表面有明显的凹凸感，过于粗糙，不利于老人的安全出行；混凝材料又过于坚硬，老人摔倒时容易受伤。因此，可在老年群体活动比较频繁的场所，选用弹性橡胶的材质进行道路铺装，这不仅可以降噪吸音，还能减少摔倒碰撞等安全事故的发生。同时，若遇到接缝或破裂的路面，就要及时修补维护，避免给使用轮椅或拐杖的老人通行带来不便。

总之，适老化康复景观的道路铺装设计，必须要选用防滑的铺设材料，并将其应用于合适的活动场地（如表4-7），否则路面过于光滑，就会对行动不便的老年人带来诸多不便。同时，也要注意选用防眩光的铺装材质，避免对老人的视觉体验带来不良刺激。

表4-7 部分防滑类铺装类型及适用场地

铺装类型	功能和特点	适用场地
陶瓷装	防滑、透水、吸尘	步行道
透水花砖	形状多样，表面有微孔，反光较弱	步行道
木板	防滑、舒适，不易起翘	步行道
弹性橡胶	弹性较强，排水性良好	老年人健身区、健身步道、儿童游戏区
合成树脂	舒适、安静，排水性良好，适合轻载	老年人健身区、健身步道、儿童游戏区

（二）散步道路设计

对老年群体来说，散步不仅是他们进行户外活动的重要项目，更是一种效果相对明显的健身锻炼形式。所以，适老化康复景观中的道路设计，必须要考虑到老年人群的行为活动特点，以便为他们提供一个舒适、安全的散步道路系统。从老年人群体的角度来看，道路的尺度、距离、功能以及高差设计，都应该以适老化为目标，进而形成适老化康复景观的道路组织系统。

1. 合理设置道路尺度大小

关于适老化康复景观的道路设计，最先要考虑的一点便是对路面宽度的设计，尤其要对轮椅老人的正常通行引起注意，以便更好地满足不同老年群体的出行需求。一般情况下，能顺利通过单步轮椅的路面宽度大约在1.5m，并且这个宽度刚好可以保证一个轮椅老人和一个步行老人并排擦肩而过。其中，单步轮椅通行的最小路面宽度应在0.9m以上，并且要保证这个距离可以允许一个轮椅老人和陪同人员正常通行。此外，当两个或多个轮椅老人外出活动时，有时会遇到轮椅交错的情况，这种情况下的道路宽度设计应不小于1.8m。

2. 步行距离应适当

由于老年人的体力有限，连续行走的距离往往要比普通年轻人短得多，而且每走一段路就得坐下休息，调整体力。所以，适老化康复景观的散步道路设计必须要考虑到这一点，为散步的老人提供可中途休息的空间场所和服务设施。譬如，可每间隔40米设置带有靠背和扶手的木质座椅，供老人休息调整，旁边还可以增设丰富的绿化元素，让他们在休憩时欣赏美景，避免老人行走和休息的目的过于枯燥乏味。

3. 设计功能多样化的道路系统

散步活动深受老年群体的喜爱。但由于每条步行道路所连接的空间场地功能各有不同，所以，步行道路系统的设计也应该是多样化的，只有这样才能更好地满足不同老年群体的活动需求。

（1）弯曲

与年轻人相比，老年人的行走路径不宜太直、太长，适当弯曲的道路反而更符合老年人的行走特点。这种道路设计不仅可以缓解风速，还能给行人带来景色多变的视觉享受，可以让老人在散步的过程中体会到一步一风景的感官体验。

（2）环游

通常情况下，老年人与他人的聊天散步没有较强的目的性，他们并不知道自己最终想要去哪里。在这种情况下，如果他们遇到了只有一个进出口的路，除了原路返回别无他法，而此时却最容易导致老人迷失方向感，不利于老人的安全出行。而环游路线的设计不仅可以为老人的散步提供更多路径选择，还能让他们欣赏到更多不同的美景。

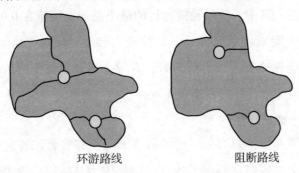

环游路线　　　　　　　　　　阻断路线

图4-3　环游路线与断头路线对比

（3）风雨连廊

由于老年人的体质逐渐变弱，当面对突然性的天气或环境变化时，如突然下雨、刮强风等，他们常常会变得惊慌失措，并且还会加快步伐想要脱离这种恶劣环境，但这也大大增加了老人滑倒、磕碰等安全事故发生的概率。因此，为减少这些意外状况的发生，可在室外增设一条安全的风雨连廊，为老人提供遮风避雨的场所。此外，风雨连廊既可以作为老人欣赏风景、聊天、娱乐的休憩场所，也可以作为一个重要的光线层次转换空间，能有效避免老人从室内走到室外对强光产生眩晕。

4.高差设计

随着年龄的不断增长，老人的身体平衡能力逐渐降低，有较大高差地形变化的道路系统会直接影响到他们的安全出行。这里主要从台阶、坡道的高差设计来阐述适老化康复景观的道路系统设计方法。

（1）台阶

首先，适老化康复景观中的台阶设计应尽可能保持平整，且坡度不宜过大。每一层级的踏步高度最好不要超过15cm，踏步宽度至少30cm，以保证老人能够在台阶上站稳脚跟。其次，台阶的踏步数应设置在3步～10步之间，且台阶的设计应与平台相结合，方便老人停留休息。最后，要注意在台阶的踏步平面处增设颜色醒目的警示条或防滑条，让老人可以准确识别并安全上下台阶。

（2）坡道

为了营造丰富且富有空间层次感的景观环境，很多地形的变化都无法避免高差设计，对此，人们通常都会选择增设坡道的方式来满足不同老年人的活动需求。

从老年群体来看，坡道的设计应尽量平缓，其有效宽度要保证在1.2m以上，而且总长度不能超过10m，总高度不宜超过0.5m。如果坡道的中途设有休息平台，平台的宽度要在1.5m以上，以便为老人在对向行走时的避让和轮椅老人的回转提供便利。此外，坡道的两侧应设置适当高度的栏杆和连续双层扶手。至于扶手的长度，可分别在坡道的起点和终点超出0.5m左右，方便老人停留缓冲。而在坡道路面铺装方面，不论是材质还是颜色的选用都要以老年群体的需求为主。坡道本身就有一定的斜坡，为防止老人在雨雪天滑倒，坡道路面铺装应选用防滑、反光度较低且方便后期维护的材料，如经过特殊处理的混凝土材料。需要注意的是，要尽可能避免使用有很深沟槽、有较大接头的石灰石等材料，否则这容易对使用轮椅、拐杖等行动不便的老人造成出行困难。此外，坡道的颜色选用最好与休息平台的颜色区分开来，特别是要在坡道的始末两端和与平台的衔接处，使用色彩醒目的材料铺装，从而起到警示、提醒的作用。

三、案例分析

接下来我们以哈尔滨尚志公园为例，针对适老化康复景观的设计情况进行简要阐述，分析目前存在的问题和老年人活动需求，并从道路铺装设计的角度来提出相应的改造对策，仅供参考。

（一）尚志公园的概况

哈尔滨尚志公园，原名香坊公园，建于1958年，占地面积约为72 000m²。公园的其中一侧紧邻公滨路，其余三侧主要是老旧社区，是老年群体经常出入的重要户外场所。为了纪念赵志尚同志，公园于1997年增设了赵志尚烈士雕塑，就此，尚志公园也就成了开展德育教育的重要场所之一。2004年，尚志公园举办了第一届菊花展，并首次建成了全长388米的"中国菊花历史文化墙"。文化墙共展示了172件精美的艺术雕刻品，并在中国古典亭、廊、花架的点缀下，阐述了菊花的发展历程，具有丰富的文化内涵。2005年，香坊公园正式改名为尚志公园。随着人们对尚志公园的不断改造和完善，该公园不仅成了哈尔滨市区综合性公园的一分子，更是周边老人户外活动的理想场所。

（二）老年人的活动需求及分析

1.老年人的基本情况

（1）年龄、性别及生活状况

来访尚志公园的老年群体大多为60～70岁的年龄层人群，属于轻度老年化的群体。80岁左右的高龄老年群体由于自身身体的原因，来园人数随着年龄的增加而逐渐减少。其中，在诸多老年群体中，女性居多，这通常与女性的平均寿命、社会角色等因素有关。

关于老年人来园活动的需求，可从生活状况和身体状况两个方面来分析。从老人的生活状况来看，大多数老人与子女同住或夫妻同住，少数老人独居，极个别的老人会与孙辈同住。所以，老人来园活动的需求要么是自己来园活动，要么就是带着孩子来园锻炼。而从老人的身体状况来看，随着年龄的不断增长，老年群体普遍存在亚健康的身体状态，再加上身体感官能力和反应能力均有所下降，所以他们往往会对园内设施的服务有更高要求。此外，因受到慢性疾病的影响，老人的行动容易受到限制，这类老年群体往往对无障碍设施有更高的使用需求。

（2）来园方式和时段

在来访尚志公园的诸多老人中，大多数都是在附近的社区内居住，平均用时仅需15分钟左右就可到达。所以，对于有充裕闲暇时间的老年人来说，从居住区通过步行的方式来到尚志公园不仅非常方便，同时这也是帮助老人锻炼身体的方式之一。此外，由于尚志公园周围配有方便直达的公交路线，并且园内还有固定的活动团体吸引老人跨区域来此游玩，所以，也有部分老人会选择乘坐公交的方式来园。

由于老人在离职退休后有充足的闲暇时间，来园游玩和活动锻炼就成为他们打发时间的一种良好选择。所以，在气温比较舒适的春季、夏季和秋季，有些老人选择一天多次来园，并且大部分的来园时段都集中在了清晨、上午、下午和傍晚。而到了寒冷的冬季，老人来园的意愿和次数均有明显降低。

2.老年人的活动需求及建议

（1）活动方式及需求

老人来到尚志公园的目的更倾向于参加集体性的户外活动，通常以健身锻炼、休闲娱乐居多。在诸多健身活动中，散步、广场舞和健身器材等是老年群体所喜爱的运动项目，并且他们希望可以通过锻炼来强身健体，增强体质。而在丰富的休闲娱乐活动中，大多数老年人会选择散步、参加文艺活动、聊天等休闲交往活动，并且他们希望能通过参加各种规模的交往活动来实现自己的社会价值。此外，还有少数老年人的来园目的是为了携孙同游，享受天伦之乐。

由此可见，不同老年群体来到尚志公园的需求各不相同。大多数老人非常注重享受退休时光的悠闲自在，对景观的活动空间、景色环境、服务设施等都有较高的需求。少数老年人还需要和孙辈一同游赏公园，所以也有看护幼童的需求。

（2）老年人对公园的改造建议

① 空间设置。大多数老人认为尚志公园对小场地的空间设置非常充足，可满足自己打牌、打太极拳等各种日常活动。但是对于老年活动空间和儿童活动区的空间设置比较混乱，容易造成相互干扰的问题，并认为静思空间的设置比较少。而公园内虽然设有假山，但大多数老人认为山体比较陡峭，并且缺少必要的安全防护措施，所以很少去这里活动，从而容易造成空间资源的浪费。

② 植物配置。尚志公园的植物种类丰富，数量充足，树龄较长，能够较好地改善和调节周围环境和微气候，所以，在这里活动的大多数老年人都对园内的植物配置比较满意。但是，部分老人指出公园内部分地区存在草地缺失、不够遮阴等问题，认为光秃秃的草地容易影响自己的视觉体验，仍有待进一步改善。

③ 服务设施。由于尚志公园的建设时间相对较早，在服务设施方面普遍存在设施老旧、破损、数量不足等问题。在座椅设置方面，不少老人认为座椅的数量不够充足，要么需要自带便携座椅，要么就是坐在绿地、围栏台阶等位置。而且，座椅的材质选用也不够适老化，尤其是到了天气寒冷的秋冬季节，老人需要自带坐垫才能在石质座椅上休息。在照明标识方面，他们认为公园内现有的指示牌不够完善，尤其是对于初次来园的老年人而言，指示还不够明确。至于照明系统，部分老人提出

可适当增强夜景灯光的照射亮度，方便指引和出行。在健身设施方面，有老人表示健身器材的数量不足，形式比较单一，而且有的器材对于老年人尤其是对于轮椅老人并不适用。

④道路设计。整体来看，不同老年群体对尚志公园的道路铺装设计满意度普遍偏低。由于哈尔滨地区的冬季比较长，气候寒冷，所以老人普遍关注公园道路的防滑性如何，其次才会考虑道路的铺装、设计、配置设施等方面存在的问题。其中，部分轮椅老人认为尚志公园内的道路无障碍设计还不够完善。一是因为只有在园区的主入口设有无障碍出入口，来园多有不便；二是因为道路的设计中设有部分台阶，但并没有在旁边增设无障碍通道，从而给老人的使用带来不便。

（三）哈尔滨尚志公园道路铺装的适老化改造设计

尚志公园作为老年群体出入活动比较频繁的场所之一，结合老年人的需求和建议对其进行适老化改造设计尤为重要。其中，道路结构和铺装设计的适老化改造，不仅是优化整个公园空间布局结构的有效方法，更是提升老人对公园满意度的关键。可从以下两个角度出发，对公园的道路铺装设计进行适老化改造：

1.步行道路系统的适老化改造设计

正所谓，无路不成园，道路是造园的必备要素。但是为了让公园的道路设计更加适老化，其改造的出发点就要充分考虑到老年人的需求，致力于为他们的正常通行和户外活动提供便利。

（1）道路的整体规划

在公园中，老年人出行活动的主要方式就是步行。因此，在步行道路系统的整体规划和适老化改造中，应重点考虑老年人的生理和行为特征。通常情况下，年轻人的行动能力较强，能顺利沿着直线行走并达到目的地，其步行路径为直线。而老年人的视力和感知能力由于有明显的下降迹象，其步行路径中常有重复的或闭合的曲线，尤其是对于需要乘坐轮椅的老人而言，他们的行进轨迹更是以曲线为主。由此可见，曲线路径更适用于老年群体的步行活动（如图4-4）。

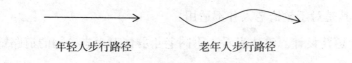

年轻人步行路径　　　　　　老年人步行路径

图4-4　不同年龄层的步行路径

（2）道路的设计形式

公园内的道路设计形式一般以套环式结构居多，要求不同结构层级要保持明确，以便满足不同群体的活动需求。并且宜采用自然流线的方式使道路形成有效循环，给人以丰富的景观空间想象感，从而避免因道路不通而使人感到沮丧和失落。因此，尚志公园的道路设计可根据"柳暗花明，曲径通幽"的特点进行适当改造，为人们提供不同的景观空间。

值得注意的一点是，对于患有老年痴呆的患者而言，公园的道路设计应尽可能简单明晰、方便通达，避免老人产生焦虑情绪。而从普通老年人的角度来看，道路的改造设计应从以下三个方面来进行：

① 步行距离。由于老年人的各项身体机能逐渐衰退，步行的距离要远小于正常年轻人的步行距离，而且还需要在步行的途中休息调整，所以，应通过合理控制公园道路的步行距离，对其进行适老化改造设计。但这里所指的步行距离并不是自然看到的实际距离，而是指感觉距离，通过增加道路步行系统的趣味性和景观丰富性，来达到减少老人疲惫感的目的（如图4-5）。

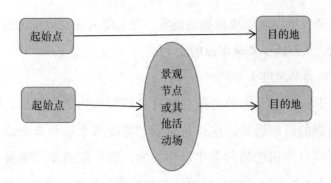

图 4-5　步行距离的适老化改造设计

在相同距离的步行道路中，增加景观节点或其他活动场地，不仅可以让整个景观空间更加丰富，还能较好地削弱老年人的感觉距离，使其在实际行走的过程中不会感到漫长无味，更有利于吸引老年群体外出活动。

② 步行路线。公园步行路线的设计应尽可能避免较长的直行路线，而是在地形条件允许的情况下，适当增设富有曲折变化的路线，这不仅是为了适应老年人的步行特点，更是为了让老人的步行活动更丰富有趣。同时，还可以在步行路线中增设一些有一定标志性的景观小品或特殊标识牌等，来引导老人顺利达到目的地，从而大大增加景观空间的导向性。

③ 高差设计。步行道路系统的设计不仅仅表现在平面的道路结构上，同样也表现在立体空间的设计上。在公园的道路规划与设计中，地形的高差设计无法避免，但这对老年群体来说，台阶、陡坡等具有高差设计的步行路线往往会打乱他们的行进节奏。因此，当存在高差变化时，应结合老年人的特点尽量增设坡度相对平缓的坡道，并在合适的位置增设休息平台或座椅，避免给老人的步行体验带来不适。此外，有相关研究表明，当人在行进过程中，前方如果没有比较明显的障碍物，那么人的视线通常会聚焦在较远处；只有当快要接近前方障碍物时，人们才会逐渐将视线转移到近处或脚下。由此可见，在进行道路高差设计时，应

在合适的位置增设矮墙或植被等设施，吸引老人注意脚下的台阶或地面高差变化，从而减少安全事故的发生。

（3）道路的尺度大小

园内不同尺度大小的道路有其自身的特殊功能，尤其是针对适老化康复景观的道路设计，应该从宽度和坡度两个层面来考虑。道路宽度的设计应以使用轮椅的老年群体为主，而坡度的设计则要以行动不便、残疾人士等群体为主，尽可能避免给他们的出行带来不便。在尚志公园的道路改造设计中，出入口的宽度应在 1.2m 左右，且周围要设有相应的水平休息空间，方便轮椅老人转弯或停留。公园内道路宽度的设计应不小于 1.5m，且轮椅交错的位置应保证宽度超过 1.8m，而单人通行路的宽度和坡道宽度应在 1.2m 左右。至于台阶的高度设置应控制在 0.12m ～ 0.16m，宽度应控制在 0.4m ～ 0.6m，否则不利于腿脚不灵活的老年群体通行。如果要将台阶设置成方便老人休息和静坐的踏步，那么台阶的宽度和高度都要相应增加；而倘若台阶的设计需要转向，还应配有合适尺寸的休息平台。另外，既然设置了台阶，那么必然要有道路无障碍通道设计，而坡道的坡度应尽量平缓，宽度应在 1.35m 以上，这样可以保证满足不同老年群体的使用需求。

2. 辅助系统的适老化改造设计

公园道路辅助系统的设计应从铺装、园桥、服务设施三个方面来考虑：

（1）铺装设计

随着年龄的不断增加，老年人的视力、记忆力等都会呈现明显下降的趋势，因此，道路的铺装设计应考虑到老年群体的生理特征及需求。譬如，可适当运用有一定标识性或引导性的材料进行地面铺装，用铺装或拼接而形成的纹理来帮助老人识别行走道路的不同。但在选择铺装材料时，应尽可能选用防滑、防眩晕、透水性好的铺装材质，颜色淡雅朴素，图案简洁明了。尤其是在哈尔滨等东北地区，除了要保证路面的防滑性，还要保证路面平整且拼接完好，避免老人被绊倒。此外，由于老年群体更容易被有一定纹理性的路面所吸引，所以可在公园内增设适当长度的鹅卵石小路，并配有松鹤等图案。而为了满足轮椅老人的通行需求，可在小路的附近增设替代路线，方便他们正常行进。

（2）园桥设计

在公园中，园桥的设计形式多种多样，包括横梁形、拱形等，它不仅具备了道路交通功能，为人们的出行游览提供便利，又有一定的点景功能，为公园的景观特色增光添彩。因此，公园的园桥设计除了要考虑造型和寓意外，还要考虑其适老性和安全性，如可设置平桥，并尽可能避免设计台阶，两侧要设有高的遮挡物等。如果受到地形等因素的影响，无法避免设置坡度较陡的园桥，那么应尽可能在桥的附近设置方便老人通行的平桥，且路面平整防滑。

（3）服务设施

道路系统包括座椅、路灯照明、标识等基本服务设施。由于尚志公园的石质座椅无法满足老年群体的使用需求，其数量设置也不够充足，所以可增设木质且带靠背和扶手的座椅，以此来增加老年人对座椅的使用频率。道路的标识服务设施可分为两大类：地面标识和标识牌，它们都可以为老人的出行提供帮助和引导。譬如，在有台阶的步行路段，可通过颜色醒目的标识牌来提醒老人注意台阶，并利用地面标识灯为他们的傍晚活动提供照明，避免老人摔倒。在公园道路的交叉口位置，可利用醒目的图标和文字来引导人群，尤其是第一次来园游玩的老年人，防止他们因迷路而产生焦虑心理。至于道路的照明系统，可通过适当增加路灯、地灯等设施的照明亮度，来满足老年群体的夜间活动需求。

第三节　基础设施的设计与案例分析

一、相关概念

基础服务设施是指供社会公众共享或使用的公共物品、建筑或设备，属于公共产品。因此，从某种角度来讲，基础服务设施就是公共服务设施。在适老化康复景观中，基础服务设施有很多，包括公共卫生设施（如垃圾桶）、公共休憩设施（如座椅）、公共文化设施（如景观小品）、公共配套设施（如路灯、标识、栏杆、扶手）、公共屋等。

其中，适老化康复景观中的基础服务设施设计原则应遵循以下几点：

1. 系统性

任何基础设施的设计均有某种自然匹配的关系，可将其概括成为系统性原则。譬如，走到室外，我们会发现公共休息区和活动区内常常会设有一定数量的座椅和垃圾桶，且两者之间的数量存在某种匹配关联。否则，垃圾桶数量过多，容易浪费资源；而垃圾桶数量过少，难免不会出现随意丢弃垃圾的行为。再比如，健身基础设施的周围常配有公共照明设施，用来提供集中照明，旨在吸引更多人使用。而缺乏照明的基础设施，常常会因为缺乏安全性和引导性，导致人们很少在夜间使用。由此可见，基础服务设施就是一个有机整体，其设计并不是独立存在的，而是相互影响、相互作用的。

2. 安全性

作为放置在公共环境的公共服务设施，其设计必须要从材料的选用、形态的设计等方面来考虑，以保证使用者的安全，尤其是要考虑到儿童和老年群体的特殊使用需求。

3. 易用性

通俗来讲，易用性就是指物品、设备等是否好用，或者指物品、设备等的好用程度。对于老年人而言，年龄的不断增加使得他们的各项身体机能和记忆力都在逐渐退化，当他们所使用的物品或设施感觉越容易时，其满意度就会越高。因此，基础设施要结合老年人的特征来设计，使其更加适老化。

4. 审美性

基础设施不仅要具备基本的使用功能，而且也要有一定美感。毕竟，这些设施与周围的环境息息相关，其造型的设计、色彩的选用等，都会影响人的审美，从而对设施的使用率造成影响。通常情况下，功能良好、造型美观的基础设施使用率更高，人们也更愿意主动参与对设施的管理与维护，有利于实现美好环境的共建共享。

二、适老化康复景观的基础设施设计方法

（一）座椅的设计

在适老化康复景观中，座椅对于老年人而言是不可缺少的基础设施，能对老人户外活动的时长、频率等产生重要影响。如果座椅数量不足、不够舒适、位置不合理等，都会大大降低老人对座椅的使用频率，而这也会减少他们进行户外活动的时间。由此可见，座椅是否舒适、安全，位置的设置是否合理，都是影响老人参加户外活动的重要因素。

1. 尺寸

在适老化康复景观中，座椅的尺寸设计要充分考虑到老年人的人体特征和行为特征，提高设施的适老性。毕竟，与普通年轻人相比，老年人的腿部力量明显较弱，不能灵活弯曲，而且起身时也比较费力，所以他们使用的座椅高度要比普通座椅高一些，在 0.45m ～ 0.5m 之间比较合适。同样地，宽度的设计也要比一般的座椅宽一些，但也不能太宽，否

则容易导致老人不能依靠座椅靠背，在 0.36m ～ 0.45m 之间比较适宜。此外，靠背的两侧要有把手或扶手设计，方便老人坐下和起身，其高度设置大约距离椅面 0.15m 处的位置即可。而为了避免对老人的腿部血液循环造成影响，座椅前端应留有一定的开放空间，以确保老人在起身时能稳定站立。

2. 形式

不同老年人的需求不同，座椅的形式设计自然也要多样化。

（1）线形座椅

线形座椅是指 0.9m×1.8m 的长椅，一般可以容纳 2～4 人，能为老人的休息提供更多可选择性。一方面，老人既可以自由选择朝向坐下，即便是三个人也能做到与他人互不打扰，能避免产生尴尬。另一方面，长椅能同时发挥桌子和椅子的双重作用，方便四个人围合坐在一起面对面交流。

（2）多人座椅

多人座椅更适用于 2 个人及以上的人群交流活动，通常会设计成 L 形、U 形、弧形等形式，并在周围增设可自由移动的座椅。这不仅可以更好地促进老年人之间的相互交流，还能为老人营造出更大的自我空间，以满足不同老人的使用需求。值得注意的是，多人座椅的设置必须要考虑到轮椅老人的需求，应在座椅旁预留出合适大小的空间，方便轮椅老人与他人交往。

3. 材质

石质材料、混凝土材质、金属材质的座椅，虽然坚固耐用，但是热传导性较强，极容易受到气温的影响，导致座椅冬天过冷、夏天太烫，让人难以接触。因此，座椅的材质应尽量选用经过防腐处理的木质材料或者是人工仿木材质，不论冬夏都非常适合老年人就坐休息。

4.空间布局

座椅的空间布局应该面向活动场地或者是步行道路来设计，以满足老人在休息时欣赏风景、观望他人活动的需求。同时，座椅位置的设置应尽量选择"夏能遮阳、冬能挡风"的地方，一般可通过利用植物、构筑物等景观要素来进行围合和遮挡。

（二）扶手和栏杆的设计

1.扶手

扶手能给老人带来视觉上和心理上的安全感，应将其设置在具有高差变化的位置和一些容易出现危险的地方。如老人从光线较暗的室内走到明亮的户外时，容易出现眩晕等问题，需要花费一定时间调整，此时就可以在旁边设置扶手，为老人提供支撑。此外，扶手也是老人行走和活动不可缺少的辅助设施，因此，其设计要考虑老年人的特殊需求。

首先是扶手的尺寸设计。为了给步行老人和轮椅老人的使用提供方便，应尽量设计双层扶手，其中一排扶手的高度宜设置在0.85m～0.95m之间，另一排可设置在0.6m～0.65m之间。其次是扶手的材料选用。扶手的材质应选择不容易受到天气影响的材料，如可使用塑料、乙烯等材质，切不可使用金属等材质，这类材质在雨天容易变滑，在阳光照射下又会变热，不适用于老年群体。最后是扶手的设计应保证连续，避免发生意外。扶手的尽头要么与墙面、柱子、地面灯连接紧密，要么就要将尽头磨圆，避免对老人造成伤害。

2.栏杆

在康复景观中设计栏杆的主要目的就是为了给行动不便的人群，或正在进行身体复健的人群提供便利。在适老化康复景观中，栏杆的服务对象主要是老年人，其设计除了要满足老人的基本生理需求，也要有一定的美观性和艺术性，甚至还可以具备更多实用功能。如美国的伊丽莎白和诺娜·埃文斯康复花园中，栏杆的背面就刻有介绍附近景观的盲文。

当盲人扶着栏杆行走时，能通过栏杆了解附近的植物景观，然后在脑海中绘制出一幅优美的自然景象，从而为人们带来多元化的感官体验。至于栏杆的高度设计，可将其设置成低、中、高三种类型，以满足不同老年人的使用需求。

（三）标识和景灯的设计

1. 标识

在适老化康复景观中，标识牌的设置既能很好地引导老人到达目的地，也能为老人对景观中的环境、地形、特点等进行讲解，具有科普功能。尤其是对于内心孤独、性格内向的老年人而言，他们更喜欢一个人待着，很少与他人交流，即便在户外游览景色时，也不会与自然对话。此时，标识牌的设置就能代替自然与他们对话。譬如，在一些道路交叉口或转弯处设有明确标识，能提示老人注意安全出行；在建筑物的出入口位置设有标识，能为老人提供道路指引；在花卉植物旁设有标识，能让老人了解更多相关的自然科普知识等。如此一来，不仅实现了老人与户外环境的有效互动，还能帮助老人舒缓身心、调整心态。其中，标识的设计形式丰富多样，可以是文字、图片，也可以是漫画，这就需要根据老年人的特点和使用需求来选择。

2. 景灯

景灯的设计一方面是为了给人们提供照亮空间，另一方面则是丰富植物群落的夜间视觉效果。在适老化康复景观中，灯柱、路灯、地灯都可以统称为景灯，其设计的主要原则就是使用柔和的光源，且不可让光源直射老人休息和短暂停留的地方，否则容易让老人产生头晕、眩目等不适感。

（四）其他设施的设计

1. 健身设施

健身设施不宜过大，且不宜过于复杂，简单易操作的设施更适合老年人使用。其位置的摆放，可以采用向心式摆放，能满足老人健身时的互动需求；或者采用离心式摆放，能缓解老人运动时的尴尬。关于健身设施的材质，应尽量选用较软、热传导性较弱的塑料等材质，让老人使用起来感到更舒适、更安全。

2. 景观艺术小品

在适老化康复景观中适当增加景观艺术小品，能大大提高老人外出活动的参与度，活跃氛围。艺术小品的设计应相对小一些，让人比较容易控制和掌握，促使老人产生强烈的亲切感。在小品设施中，景墙与构筑物能对空间进行划分，在设计时要注意加强对老人视线和他人视线的分析，既要满足老人对环境的私密性需求，也要保证老人发生意外时能被他人及时发现。此外，艺术小品的设计也要尽可能生动有趣，贴近老年人的日常生活，如可以设计下棋等雕塑小品。这不仅容易与老人产生有效互动和共鸣，还能为老人的生活与社交带来更多话题，传递给他们更多积极向上的精神力量。

3. 储物设施

老人在户外进行跳舞、健身等活动时，如果可以为他们提供能放置自己随身物品、衣物、道具等基础服务设施，就能更好地提升老人对适老化康复景观的满意度。譬如，可在角落等位置放置小型的储物柜和不同高度的衣架，避免老人随意将物品放在座椅或花台等地方，这不仅可以避免物品丢失，还能减少对户外环境带来的消极影响。

三、案例分析

接下来我们以哈尔滨清滨公园为例，针对适老化康复景观的设计进行简要阐述，分析目前存在的问题和老年人活动需求，并从基础设施设计的角度来提出相应的改造对策，仅供参考。

（一）清滨公园的概况

清滨公园于 1958 年建立在南岗区西大直街与和兴三道街交口，紧邻西大直街、和兴三道街和清滨路。随后，又在 2000 年正式改造成为开放式公园，是目前南岗区老年群体出入比较频繁的活动场所之一。清滨公园区呈长方形，占地面积约为 30 000m²，除西侧以外，其余方向的周围建筑大多以老旧小区为主。该园的入口有 7 个，两个园区主入口分别设置在西侧和南侧。道路的布局设计成环形，共有三个道路等级，且每级道路分工明确。公园内的中心位置、西侧和北侧均设有活动广场，各类设施比较充足，供来此游玩和锻炼的人群使用。

（二）老年人的活动需求及分析

1. 老年人的基本情况

（1）年龄、性别及生活状况

来访清滨公园的老年群体大多是 60 ～ 80 岁的年龄层人群，属于中度老年化群体，80 岁以上的高龄老人来园的次数比较少。其中，在诸多老年群体中，女性来园的占比较大，这通常与女性所扮演的社会角色、公园位置等因素有关。

关于老年人来园活动的需求，可从生活状况和身体状况两个方面来分析。从老年人的生活状况来看，大多数老人是与子女同住或者是夫妻同住，也有少数老人独自居住或与孙辈同住。所以，老人来园活动的需求主要包括自己锻炼和照看孩童。而从老年人的身体状况来看，随着年龄的不断增长，老人的各项生理机能逐渐开始发生退化，反应力、听力、免疫力等都会有所下降，大大增加了各类慢性疾病的发生概率。所以，他们往往会对园内设施的质量和服务有更高要求。

（2）来园方式和时段

来访清滨公园的老年人大部分都是以步行为主，这是因为大多数老人就居住在附近社区，从家步行到公园用时 10 ～ 15 分钟即可，非常方便。此外，还有部分老人会选择乘坐公共交通来园。

老人进入退休生活以后，闲暇时间变得十分充裕，来园游玩和健身锻炼就成为他们打发时间的一种优先选择。在天气舒适的季节或时间段，部分老人会选择一天多次来园活动，来园时段几乎没有什么规律可言。而对于大多数老年人来说，他们的来园时段大部分集中在了空闲时间较多的清晨、上午、下午和傍晚。

2. 老年人的活动需求及建议

（1）活动方式及需求

老人来到清滨公园的主要目的就是通过参加一些集体活动来社交，活动的内容以健身锻炼、休闲娱乐为主。在诸多健身活动中，散步活动更受老年群体的喜爱，其次便是使用健身器材、跳广场舞等运动项目。而在丰富的休闲娱乐活动中，老人大多都会选择散步、聊天、打牌、文艺活动等项目，并且他们希望通过参加各类交往活动来实现自己的社会价值。此外，还有部分老人会与孙辈一起来园游玩，享受天伦之乐。

由此可见，不同老年群体来到清滨公园的需求不同。大部分老年人很注重晚年休闲生活的自在享受，对活动空间、服务设施等都有较高的要求。少数老人有看护幼童的需求，其主要目的就是携孙同游公园，享受天伦之乐。

（2）老年人对公园的改造建议

① 空间设置。部分老人认为清滨公园对公园空间的划分还不够明显，仍有待改造完善。如跳舞场所、球场等活动场地兼具穿行功能；打牌场地与运动场地相连，相互之间存在干扰等。

② 植物配置。对于清滨公园中的植物配置，大多数老人的满意度较高，认为园区的植物种类丰富、数量充足，呈现的四季景观效果比较好。但是由于后期维护不利，公园内的草地存在裸露问题，影响视觉效果。

③ 服务设施。关于清滨公园服务设施的改造建议，不少老人认为座

椅的数量不够充足，常常需要自己携带便携座椅或者是坐在围栏台上，所以建议适当增设座椅设施。同时，还有老人认为座椅的材质也要更换，因为石质座椅使用时比较冷，尤其是在寒冷的秋冬季节，需要自己携带坐垫才能使用。此外，很多老人对公园内的指示牌设施非常满意，认为其指向明确，标志清晰明了，能很好地引导老人和初次来园者。但在灯光设计上，还存在不够明亮的问题，难以满足老年群体的夜间活动需求。

④ 道路设计。针对清滨公园道路系统的设计，老人普遍认为比较合理，但也存在一些不完善的地方。如园区内的无障碍通道设计还不够完善，只在公园的主入口位置设有无障碍出入口；单双级台阶的设计比较多，容易对行动不便的老年人群造成使用不便。

（三）清滨公园基础设施的适老化改造设计

清滨公园作为老年群体出入活动比较频繁的场所之一，结合老年人的需求和建议对其进行适老化改造设计尤为重要。而园区基础设施的适老化改造设计，不仅是为了响应老年群体对公园的建议，更是提升公园设施服务质量的有效途径（如图4-6）。

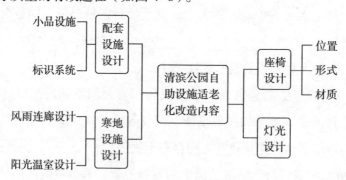

图4-6 清滨公园基础设施适老化改造内容

1. 座椅的设计

数量充足、类型多样的座椅设施，能对老年人的步行活动起到积极的引导作用，但在设计时要注意座椅的位置、座椅形式和材质选用等细节要素。

（1）座椅位置的设置

设置座椅的主要目的就是为了帮助人们通过在座椅上休憩，缓解他们因步行产生的疲劳感，使其逐渐恢复体力。其位置的选择应该具有良好的通风性、采光性和易达性等特点，并且要适应当地的气候条件，尽可能保证夏天能遮风蔽雨，冬天能透光。一般可将座椅设置在大树下、交通路线交集处、休憩空间、过渡空间等位置，这既可以满足老人的坐憩需求，又能尽显户外空间的趣味性。

至于路旁的座椅设施，应将其设置在步行道两侧，间距适宜，避免影响人们的正常通行。而且，座椅的朝向设计要面向人群活动较多的公共区域，以满足老人喜欢看他人活动的需求，尤其是对于行动不便的老人而言，观望他人活动能让他们产生一种强烈的参与感。但是考虑到老人对环境的私密性需求，可将座位与人行方向平行摆放，如两个座位平行同侧摆放、平行两侧摆放等。此外，良好的座椅布置方式能满足不同老年群体的休憩和交往需求。如将座椅按照 U 形、L 形、Z 形的方式围合起来，使其形成小型的聚合交流空间，能大大促进人与人之间的面对面交流。

（2）座椅形式的设计

座椅的形式设计可分成长条式座椅、靠背式座椅、扶手座椅等。靠背式座椅能让老人仰靠在座椅上晒太阳，扶手座椅又能为老人的坐下和起身提供撑扶帮助。所以，与长条式座椅相比，带有靠背和扶手的座椅更容易受到老年群体的喜爱。此外，考虑到公园的空间有限，如果将座椅与健身设施结合起来，就能实现一椅多用，从而让老人在锻炼身体的同时，也能就近休息并恢复体力。同时还可以通过桌椅的组合搭配，为老人提供打牌、下棋的活动场所，尤其是方便轮椅老人的接近和使用。

（3）座椅材质的选用

座椅的材质宜选用触感较好、耐污、实用性强的混合材质，避免使用比热容低、色彩与周围环境风格差异较大的材质。目前，常见的几种座椅材质主要有石材、木质和金属材质等。石质材料的座椅，虽然美观、耐久，但是给人的触感是坚硬、冰冷的，且夏天太烫，冬季太冷，难以满足老年人的使用需求。金属材质的座椅，虽然容易加工、形式多样，耐久性强，但是给人的视觉感受比较冰冷，触感坚硬，而且热传导性也比较强，而木质材料的座椅，虽然能给人良好的触感，外观亲切，热传导性较差，易加工，但却容易损坏，需要进行防腐等处理才能具有较强的耐久性，

总之，不同材质的座椅都有各自的优点和不足。既然材质过于单一的座椅设施很难满足所有人的使用需求，那么不妨将这些材质混合搭配起来使用，以此来完善公园的座椅设施服务水平。如使用防腐木的材质制作成座椅板面，再用金属材质对座椅的框架进行修饰和固定，这样就能同时保证座椅的坚固性和舒适性。

2. 灯光的设计

由于老年人的视觉神经随着年龄的增长而逐渐退化，其夜间活动所需要的光照亮度是普通年轻人的 3 倍，并且他们普遍认为充足的灯光照明是保证自身夜间活动安全的一大重要因素。所以，与傍晚出来遛弯相比，大多数老年人更喜欢在白天进行健身锻炼、娱乐、休闲等活动。

而关于清滨公园灯光的改造设计，可从这几个方面来进行：首先，灯具的设置应结合不同空间区域和活动场地的功能来设计，设置分级照明系统。如人行步道的灯光设计只需要满足老人最基本的照明需求即可，而主要的活动空间、集散式空间等的灯光设计，则要通过增加原有灯具的照明亮度，或者增设灯具的方法，来满足老年人的夜间照明需求。其次，要注意对灯具进行防眩光处理，如采用半透明的灯罩或者是利用植

物等，来遮挡视线内直射过来的灯光。同时，还要尽可能避免使用地灯、射灯等容易直射人眼的灯具。最后，灯光照度要根据园区内的空间变化而变化，使其有一个良性过渡，以避免因灯光亮度突然变化而给老人带来视觉上的不适。建议采用高亮度的 LED 灯，这能让老人更好地辨识颜色，给老人良好的视觉感受，同时这也是落实绿色低碳理念的重要体现。

3. 配套设施的设计

（1）小品设施

良好的景观小品设计，既能大大丰富公园内的景观要素，还能提高老人活动的积极性，进而促发老人作出一系列积极的行为。如，信息类的小品设施，能通过指示牌、宣传栏等为老人提供时政信息和道路信息；休息类小品设施，能利用座椅、树池等为老人提供休憩场所；其他室外小品设施，如花坛、垃圾桶等，则对园区空间起到了很好的点缀作用等。所以，为了更好地提升公园内小品设施的适老性，在设计小品设施时应从色彩、结构等方面来考虑，以便为老年人营造一个丰富多彩的户外景观环境。

（2）标识系统

公园内的标识系统有很多，包括道路标志、安全警示牌、公告栏、引导标志等，其设计应与园区的环境风格特点保持一致，且能够准确有效地向人们传递信息。从老年人的角度来看，标识系统必须要根据老年人的思维特点来设计，使其能够对老人进行多层次、持续有效的引导。譬如，可在每个道路的交叉口位置都设置引导牌，中间不宜中断，间距的设置也不要太大或太小，以保证老人顺利达到目的地。至于公园内的宣传标识和警示标识，则要放在相对醒目的位置，确保老人能够轻松看到。

此外，由于老年人的视觉能力和对文字的辨识能力有所下降，标识牌的表面要尽量避免选用易反光、难清理的材质，字体的颜色要与背景色形成鲜明对比，方便老人识别。同时，标识牌中的内容要浅显易懂，并配以图示语言，以保证不同文化层次的老年人都能准确识别并理解其中的内容。

4.寒地设施的设计

由于哈尔滨地区的冬季寒冷且漫长，所以每到了这个时候，老年人外出活动的意愿就削减了很多。为了吸引老人在冬天也能走到清滨公园进行户外活动，除了要设有基本的基础设施以外，还要增设一些针对性的服务设施，以促使老人积极到公园中活动。

（1）风雨连廊设计

哈尔滨地处寒温带，冬季时间较长，且长时间的积雪和低气温，容易给老人的户外活动带来一系列潜在的安全问题。对此，清滨公园可考虑在一些重要的景观节点处增设风雨连廊服务设施，并保证地面平整、干燥，从而解决老人在冬天到公园活动容易滑倒受伤的问题。此外，风雨连廊设施还能在夏天起到很好的遮风避雨的作用。这样一来，老年人户外活动与天气气候的矛盾就能得到部分解决，大大降低了天气、气候等因素对老人行为活动的阻碍性。这不仅可以为老人的出行活动带来极大的便利，还能营造交流空间，为老人的社交提供更多机会，可见增设风雨连廊设施的重要性。

（2）阳光温室设计

为了更好地应对严寒地区的寒冷，清滨公园可在景观环境良好、光照充足的活动场地设置阳光房，这可以让老人在防寒防风的舒适环境中进行社会交往等活动。这种空间不需要特意增设取暖和制冷系统，因为在冬天，阳光房可以通过关闭门窗来收集太阳辐射的热能，使其成为"暖亭"；而到了夏天，可以通过开窗通风散热，使其成为"凉亭"，从而为老人提供冬暖夏凉的好去处。此外，阳光房的能量来源主要是太阳能，我们可在室内增设一定的可调节系统，用来解决夏天温度过高、老人容易眩光等问题。

第四节　水景的设计与案例分析

一、相关概念

水景是主要的造景元素，也是丰富户外环境的重要搭配。与植物的功能一样，水景系统也能给人们带来朝气与活力。

水在自然界中无非就两种形态，一种是动态水景，一种是静态水景。[①]而这两种形态与我国"动静相生、知黑守白"的哲学思想不谋而合，可以通过水景的设计来向人们传递这一思想，致使人们在休息的同时还能调节身心压力、感悟哲学。[②]其中，动态水景主要有跌水、喷泉、溪流、地喷、壁泉等；静态水景一般有水池、静水面等。在适老化康复景观的水景设计中，需要根据老年人的生理和心理特点，灵活设置动态水景观或静态水景观。

（一）动态水景

在适老化康复景观中，动态水景一般可设置在中心比较开阔的区域，或者是在道路的交叉口处设置小型的喷泉或水井，如此，就能吸引人们的视线，使其进入景观。当老人靠近喷泉等水景观时，水与空气相互作用而产生的空气负氧离子能让人瞬间感到精神焕发，增加户外游览的情趣，从而达到放松身心、舒缓压力的目的。倘若设置水景观的地势偏高，就可以将动态水景设置成跌水，让水流流动的方向来潜意识引导老人的视线，使其朝着更远的方向走去，这样就能间接增加他们参加户外散步

---

① 张愈，伍后胜主编．中国疗养康复大辞典 [M]．北京：中国广播电视出版社，1993.06：80-83+92.

② 刘刚，冯婉仪主编．园艺康复治疗技术 [M]．广州：华南理工大学出版社，2019.03：44-46.

的欲望。此外，地喷形式的动态水景设计也可以被用于适老化康复景观当中，可在中心活动广场、公园广场等地方简单设置几个喷水点。

（二）静态水景

静态水景犹如一面明镜，不仅可以倒映出周围环境的色彩和形态，还能给人一种扩大空间的视觉错觉，从而为原来不是很开阔的活动场地营造出一种能引人展开无限想象的空间感。在适老化康复景观中，静态水景可设置在花坛等小型容器当中，并种植一些水生植物，供人们欣赏。同时还可以选择一块用地，挖出一方水池，面积不需要太大，让宁静的水面与周围设施、绿植等地围合到一起，给人一种自然舒心感。

（三）水景设计的价值

1.具有健康效益

罗杰·乌尔里希认为，康复景观除了要有相当数量的植物和绿地设计，也要有一定数量的水景设计，这能为大多数使用者提供治疗和帮助。不同形态和流动声响的水景观能对人体产生不同的健康效益。静态的水景观能帮助人们平复心情、减少烦恼，而动态的水景观可以利用水体流动发出的声响，来在一定程度上刺激老年失智患者的脑部，唤醒其相关的记忆。

2.具有美学价值

水的表现力很强，因此，水景设计的表现形式也是多种多样的。

（1）用水的不同形状、流动声响和色彩来表现

水池中平静的水景、瀑布奔流而下的水景、反射或投影周围环境景象的水景、不同高度的跌落水景等，都是采用这种方法来进行景观水景设计的。

（2）用水和不同元素合理搭配来表现

这种方式更注重水体与周围元素的搭配表现，使其形成不同氛围的水景观。如流水别墅，将山间河流与自然植物群落搭配，形成一处优美

的自然水景风光，实现了建筑与水体的完美结合和表现。再如，水路一体的伦敦海德公园的水景观，通过将水面与园路结合起来设计，为人们营造了开阔大气的场地气质。

3. 能改善景观局部生态环境

既然自然界中的水景观不仅可以净化周围空气、改善局部微气候，还能减小噪声、调控局部温度和湿度，那么康复景观中的水景观亦能如此。在适老化康复景观中合理设计跌水景观，能大大增加水体与空气的接触面积和时间，两者在相互作用下释放出更多空气负氧离子。同时，还能结合自然生态植物进行水景设计，尽可能使水体保持清澈，从而减少水体污染，避免水资源的浪费。此外，在康复景观的水景设计中，如果可以收集并合理利用雨水，不仅能节约水资源，还是改善水生态环境的有效途径。

二、适老化康复景观的水景设计方法

不论在何种景观设计中，水元素都是极为重要的设计因素，并在诸多元素设计中占据较高地位。毕竟人天生就有一定的亲水性，容易聚集在水边进行活动，而且水体也是生命的象征，好的水景设计[①]能给人带来朝气与活力，让人充满希望。然而，普通的水景设计并不适用于老年群体。从老年人的角度出发来设计水景，使其既可以满足老人的观赏需求，又能给他们带来舒适的放松体验，就要遵循以下几个原则[②]：

（一）安全性

安全性是适老化康复景观水景设计的首要考虑因素。随着年龄的增加，老年人的身体平衡能力、身体机能、体质、注意力等都不如普通的年轻人，所以在设计水景时，要注意安全水深和防护措施，尽可能避免

---

① 刘秋梅等主编．康复护理［M］．武汉：湖北科学技术出版社，2015.06：68+72-76.
② 刘秋梅等主编．康复护理［M］．武汉：湖北科学技术出版社，2015.06：68+72-76.

发生意外。一方面，水深尽量不超过 0.6m，且要设有安全缓冲区，防止老人因坠入深水中出现溺水等危险。另一方面，要注意在近水面或者是路桥两侧等位置增设防护栏，以减少老人不慎跌落水中的危险。

（二）功能性

水景的设计不仅能给人以多种感官上的审美体验，还具有一定的功能性，供老人接触和使用。在日常生活中，我们经常可以看到各种水景设计，但有些水景的设计总给人一种"只可远观不可近玩"的感觉，难免会让人感到失落。因此，为了方便老人与水进行近距离接触互动，满足他们的亲水性，可以将水池适当抬高，使其通过触摸感受到水的柔和美和动感美，而这也是为了给轮椅老人、弯腰困难的老人等提供方便。此外，水池中还可以配置一些水生植物，既可以帮助老人缓解心情，又能净化水体，有利于水景功能性充分发挥。但要注意的是，临近水面的位置要注意配有扶手、护栏或者高台等防护措施，以保证老人活动时的安全。

（三）观赏性

水中的景色、流动的水声，都能抚慰人们的紧张或烦乱情绪，因此，在设计水景时，要注意合理搭配一些水生观赏植物以作点缀，如荷花、睡莲等。同时，还可以在水域周围种植垂柳、落羽杉等岸边植物，使其倒影与水中景象构成一幅美丽的水中画卷。这样一来，老人就可以一边休息冥想，一边欣赏美景，从而大大增加了人与户外空间的互动性。

（四）经济性

建造水景的经济性也是需要重点考虑的问题之一。尤其是在面对气候环境差异较大的南北区域时，就要考虑水景的设计是否可行。譬如，与南方相比，北方气候干旱多风，后期的维护管理比较困难，不宜设计大量的水景观或大型水景观，此时就需要从成本控制的角度来考虑水景设计。一方面，由于水景观的施工造价较高，另一方面，由于后期的维护与使用都会产生巨大费用，所以，为了避免后期因节省费用而常年关闭水景观的情况发生，在设计水景时就要在保证安全性、功能性的基础上，尽可能遵循"小而精、少而全"的理念来设计。这样一来，既可以有效控制成本，又能满足老人的基本需求。

三、案例分析

接下来我们以伊丽莎白及诺娜·埃文斯康复花园为例，针对适老化康复景观的设计进行简要阐述，并从水景设计的角度来提出几点优化方向，仅供参考。

（一）概况

伊丽莎白及诺娜·埃文斯康复花园位于美国俄亥俄州克利夫兰市植物园，占地面积约为 1115m²，活动场地中有 1.8m 的高差设计，其中还种植了不少种类的植物。

在这个花园中，人们可以来到这里近距离接触自然，它不仅能满足普通人的需求，还考虑到了轮椅使用者、视力障碍者等特殊人群的使用需求，深受人们喜爱。而且，道路宽度与铺装、座椅类型和位置的设计、活动区的布置等，都有其细致的考虑与设计，即便是行动不便的人群，也能使用轮椅等工具畅通无阻地在花园内游览美景和游玩。尤其是道路的铺装材料选用的是安全、防滑的材质，每当有地势或坡度变化时，相应的道路铺装都会提前给人以提示。这不仅可以减少安全事故的发生，还能通过材质、肌理的变化来缓解人们的视觉疲劳。

为了更好地满足不同人群的活动需求，整个花园分成了学习探索区、沉思区和园艺治疗区，每个区域都有各自鲜明的特色，而且都被一条环线道路系统串联了起来。这不仅不会对路人的正常通行造成影响，也能方便人们进入并使用不同类型的活动空间。

1. 学习探索区

学习探索区的空间尺度较小，位于花园沉思区矮围墙的后面，是一个具有一定私密性的体验空间，供人游玩。该空间区域设有凹凸不平的石墙，材质选用的是石质材料，而且墙上还设有浅水池，水流可以从墙上流到下面，发出的潺潺流水声能将周围的交通噪声很好地屏蔽掉，从而给人一种舒适、自然的环境氛围。水池的底部可以看到长满苔藓的石块，一个个水泡从这些石块中冒出来，大大提升了水景的趣味性。此外，墙体的周围还设有高度不同的种植池，吸引人们来到这里亲自种植和接触这些植物，以满足不同人群的亲生性需求。尤其是石墙和水景的搭配设计，能很好地调节周围微气候，使其更加清凉湿润，有利于吸引更多人来此游玩。而且在这个区域中，即便是有视觉障碍的人群，也能通过触觉、听觉来充分体验和享受这里的美景。

2. 沉思区

沉思区的建筑设计成矩形，紧邻该花园中的图书馆和就餐露台，能很好地连接花园与周边的空间。在这里，我们可以看到一面爬满藤蔓的石墙，整个空间简洁、雅致，非常适合人们放松身心。

该区域的中心景观主要由草坪、矩形水池和一颗白玉兰树等构成，石质铺装的道路围绕在四周，且路边的植物茂密浓郁，而这些要素共同营造了一个健康、舒适的自然环境，能很好地吸引人们的视线。最令人惊喜的是，草坪与道路之间没有高差设计，即便是轮椅使用者也能轻松进入，充分体现了沉思区的人性化设计。矩形水池是低矮型的水池，能倒映出蓝天、白云、阳光以及周围的自然美景，池边还点缀着些许花草和树木，共同形成一幅美好的水景画卷。同时，旁边的矮墙上还有小水渠，里面的清水可以跌落到下方的小水池当中，共同组成了一首宁静的大自然乐曲。此外，该空间区域的铺装尺度较大，主要是为了尽可能减少道路铺装的拼接，方便使用轮椅或助行器的人群顺畅通行。

3.园艺治疗区

园艺治疗区是一块阳光充足、色彩丰富的开放性活动空间，植物景观极为丰富，而且富有层次。不论是步行的游人还是轮椅使用者，都能近距离感受到花草的质感，闻到花草的自然气象。因此，很多园艺治疗师都会选择在这里对患者展开治疗，并且对自闭症患者、老年痴呆患者、脑瘫患者等多种不同类型患者都有一定的治疗效果。而且种植墙和小路能将不同的人群分隔开来，既能保证人们对空间的私密性需求，又不失空间的趣味性。

4.整体分析

总的来看，伊丽莎白及诺娜·埃文斯康复花园在整体设计上充分考虑到了不同使用者的需求，并且利用植物、矮墙等要素营造出了各种活动空间，使其更加适合不同人群的使用。每个活动空间有明确的界定，路径系统清晰明了，且均具有丰富的趣味细节，巧妙地利用了水景、植物等要素将外界环境的噪声屏蔽掉。整个康复花园充分体现了人文关怀设计理念，是一个相对成功值得学习的优秀案例。

（二）优化方向

关于优化康复花园的水景设计方向主要有以下几点：

1.建立多类型的水体植物配置体系

怎样合理配置水生植物景观，使康复花园中的水景设计更加人性化？需要从以下几个方面来考虑：

（1）针对水景设计的不同类型，搭配水生植物

水景有静态水景和动态水景之分，在设计不同类型的水景景观时，应结合不同的水景设计氛围来搭配不同的水生植物，从而围合成不同类型的景观空间。如，半私密性的小型瀑布水体景观，有良好的净水效果、耐水流冲击，既不用精心养护，也不用设置黑藻、苦草等水下种植的沉水植物，只需要搭配种植一些耐水湿的乔木和灌木即可。开敞空间的水

体景观流动性较差，所以可从观赏价值方面来考虑，搭配一些易打捞、易修剪的水生植物和花卉，如金叶菖蒲、旱伞草、海寿花等。

（2）针对水景的实用价值不同，搭配水生植物

不同的水景实用价值也不同，相应的植物配置自然也会有一定差异。比如，水景观赏区的植物配置要能为人们营造安静、舒适的环境氛围，使人感到身心放松。如可利用乔木、灌木、丛生花卉等多种绿化元素，共同打造多层次的景观效果，形成良好的围合空间，以满足人们对环境的私密性需求。再如，水景活动体验区的植物配置要尽可能轻松活泼，可多种植一些色彩鲜明、花形美观大方的花卉，切不可种植容易掉落果实或易产生黏液的植物，避免污染水质。此外，还可以结合人的五感体验来选择植物，给人以良好的感官体验，合理配置花香植物和色彩植物（如表4-8），尽可能保证"人—植物—水"三者的互动联系。

表4-8　康复景观中部分观赏水生植物

植物名称	生长习性	观赏颜色	功能
狐尾藻	多年生粗壮沉水草本植物	绿色	净化水质
金钱草	多年生匍匐小草本植物	绿色、黄色	观赏、药用、食用
芦竹	多年生挺水草本观叶植物	绿色	观赏性
梭鱼草	多年生挺水或湿生草本植物	粉色、黄色	观赏性、净化水质
再力花	多年生挺水草本植物	紫色	净化水质、观赏性
水葱	多年生挺水或湿生草本植物	绿色	净化水质
东方香蒲	多年生水生或沼生草本植物	绿色	净化水质、控制水土流失
睡莲	多年生水生草本	红色、黄色、紫色	美化水体、观赏性
粉美人蕉	多年生湿生草本植物	粉色	美化水体、净化水质
花菖蒲	多年生宿根挺水型水生花卉	白色、紫色	美化水体、净化水质
波缘水竹叶	多年生湿生挺水植物	绿色	净化水质、观赏性

植物名称	生长习性	观赏颜色	功能
千屈菜	多年生喜水湿草本	紫色	观赏性

2. 建立适用于不同人群的水景设计体系

康复花园的服务对象有很多，包括老年人、医护人员、残疾患者等，这些人群都属于社会弱势群体。针对不同使用人群，水景设计的类型也应该是多样化和人性化的，以确保人与自然能够和谐共处。譬如，对于盲人而言，康复花园中可适当增加一些触感体验的水体形式，如花洒、喷泉等，并搭配一些叶片柔软、叶肉丰富的植物，丰富他们的触摸体验。而对于老年人而言，康复花园的水景设计要更具有可亲近性，水池的高度要适宜，且要有高低不同的设计，以满足不同老年群体的使用需求。同时还要注意选用一些易于养护、观赏价值高的植物，以确保水质始终保持干净，让老人更愿意亲近和接触这些水景景观。

3. 建立并完善康复花园水景设计的评价体系

康复花园的特殊性主要在于它作用于人体产生的康复效益，在这里，人们可以通过相关的康复媒介来获得某种康复疗效。那么，怎样的水景设计才是具有康复效益的呢？又该怎样评价康复花园的水景设计呢？这些都是值得重点分析和探讨的问题。对此，我们可以采用层次分析法（如图 4-7），明确康复花园水景设计评价体系的基本流程。

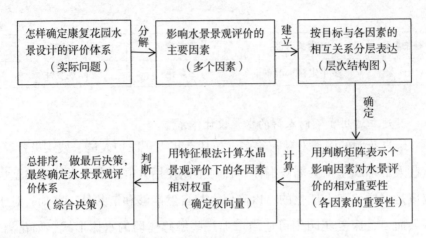

图 4-7 层次分析法下的康复花园水景设计流程

当基本流程确定之后，再对康复花园的水景设计结构模型进行划分，划分出 1 个目标层、4 个准则层、8 个子准则层和 18 个指标层等信息。然后通过构建判断（成对比较）矩阵，进行排序和一致性检验，最终逐渐确定康复花园水景设计的评价体系（如表 4-9）。

表 4-9 康复花园水景设计评价体系表

目标层	准则层	子准则层	指标层	权重
		环境舒适度 C1	植物材料的适宜性 D1	--
	感知环境 B1		水体健康质量 D2	--
			声环境质量 D3	--
		环境美感度 C2	植物丰富度 D4	--
			景观多样性 D5	--
		水疗愈 C3	水景材料的可亲近性 D6	--
	精神疗愈 B2		水域深度的适宜性 D7	--

续 表

目标层	准则层	子准则层	指标层	权重
康复花园水景设计评价 A		思考效应 C4	积极的艺术性 D8	--
			水景的可达性 D9	--
		无障碍环境 C5	无障碍设施的人性化 D10	--
	便利性 B3		明确的引导性 D11	--
		互动性 C6	活动场所的通达性 D12	--
			植物的可触摸性 D13	--
			水景的可互动性 D14	--
		硬件维护 C7	水景小品设施的维护质量 D15	--
	维护保养 B4		植物的养护质量 D16	--
		活体景观维护 C8	水景的维护质量 D17	--
			光照的可达性 D18	--

第五节 照明与标识系统的设计与案例分析

一、相关概念

照明与标识系统既相互独立，又相互关联，是一个多元化的有机体。

（一）照明系统

照明系统[①]是以提供光照为目的和基础的系统，包括自然光照系统、人工照明系统、两者结合而成的照明系统三大类，致力于为人们提供安

---

① 蔡聚雨主编．养老康复护理与管理 [M]．上海：第二军医大学出版社，2012.06：67-70+83.

全、舒适、便捷的户外环境。

1. 夜间照明

夜间照明是照明系统的一部分，强调夜晚呈现的灯光照明效果，是指城市建筑、景观、道路、园区等各个区域在统一规划、设计和施工之后，才能够收获的亮灯效果。夜间照明的主要服务对象就是人文景观和自然景观，其目的就是为了利用灯光来对多个照明对象进行重塑，使其形成和谐、优美的夜景图画，从而展现出城市或地区的夜间形象。

夜间照明的方式有很多，包括泛光照明、轮廓照明、内透光照明和重点照明四种。其中，有两种照明方式在适老化康复景观中比较常见。一种是轮廓照明，它是一种利用灯光勾勒被照对象轮廓的照明方式。另一种是重点照明，它是一种利用窄光束照射事物表面的照射方式，强调与周围环境形成鲜明的亮度对比，注重形成独特的照射效果。

2. 景观照明

景观照明是一种集艺术、美观与照明功能于一体的照明系统，与夜间照明相比，它更侧重于具有艺术性的照明。我们一般都可以在道路的两侧、活动广场等位置看到很多照明设施，它们不仅具备了基本的照明功能，还有一定的观赏价值，而这就是景观照明。

景观照明的范围十分广泛，类别和样式都非常多，主要包括道路景观照明、园林广场景观照明、建筑景观照明三大类。

（1）道路景观照明

道路景观照明系统的设计目的，主要是为了在保证道路交通安全的前提下，尽可能美化周围环境，并为人们的日常生活和出行提供便利，从而进一步提高道路交通运输的能力。

道路景观照明系统有很多，像车道、台阶、步行道等都属于道路景观照明，不论是与人还是与环境都有着密切关联。所以，在设计时要尽可能在保证安全、环保的基础上，再来考虑照明设施的经济实用性和后期的维护与管理，切不可对人体和周围环境带来损害。而针对道路景观照明的光源选用，需要根据活动场所的不同，来选用不同的光源。譬如，某些主干道、次干道和高速路一般会使用高压钠灯；社区内既有车辆又有行人的道路，大多使用小功率的金卤灯；而一些中心商业区的道路一般要求要有一定的颜色辨识性，所以大多会使用金属卤化物灯。

（2）园林广场景观照明

园林广场景观照明的设计目的，主要就是为了通过融合科学和技术，构建和谐自然的户外夜景，主要采用的光源类型包括上（下）射光、广泛照明和区域照明等。这类照明设施的设计，既要保证安全和质量，也要与周围环境和构筑物保持一致的风格，更侧重于照明设施与环境的统一协调。

（3）建筑景观照明

建筑景观照明的设计目的，主要是为了创造出个性化的建筑形状，从而彰显出建筑物的魅力及价值，主要采用内透、自发光和投光等多种照明方式，意在体现出照明设施的功能性和人文性。

（二）标识系统

1. 标识及标识系统

标识，也可以被称作导向，象征着文明，主要用来提供、传递信息和指明方向。而标识系统，自然就是指在某特定空间环境内，能向人们传达各类信息，使人们快速准确达到目的地的全部标识总称。其主要作用就是为了引导人们快速到达目的地，同时它还是人类在外界环境中获取信息的重要载体和工具。总之，标识系统既能向外界传递信息，又具有导向功能，是适老化康复景观中不可缺少的重要元素。

2. 标识系统的分类

标识系统[①]的分类方法有很多种。如按照功能分类，可分为识别性标识、导向性标识等；按照环境分类，可分为行政交通标识、公共空间标识等；按照信息接收方式分类，又可分为基于视觉、听觉、触觉等标识系统。

（1）按照功能分类

标识系统具有良好的传达功能，主要可分成六类：

① 识别性标识。识别性标识，又有"定位标识"之称，是标识系统中最基础的功能。像城市标识、设施标识等，凡是以区别其他事物为目的的标识设施都属于该类标识。

② 导向性标识。导向性标识主要是通过借助标识方向，来对周围环境的导视部分进行阐述和说明，常被用于户外环境的公共空间当中，如道路、交通系统等。

③ 空间性标识。空间性标识主要作用于人体的视觉或其他感官，通过地图、道路图等辅助工具，对构成的环境空间进行描述，进而使人产生相应印象的标识。

④ 信息性标识。大部分的信息性标识系统是以叙述文字的形式出现的，其主要目的一是为了对图像信息进行必要补充，二是为了对容易产生歧义的标识信息给出准确解释。

⑤ 管理性标识。管理性标识的主要目的就是为了提示法律法规和行政规划，如"请勿摘花、请勿随意践踏草坪"等警示牌就属于这类标识。

⑥ 引导性标识。顾名思义，引导性标识就是有一定的引导作用，主要包括功能区引导、服务设施引导和公共服务设施引导等。

（2）按照环境分类

将标识系统按照所处的环境进行分类，可将其分成商业标识系统、

---

① 聚雨主编．养老康复护理与管理 [M]．上海：第二军医大学出版社，2012.06：48-50+53.

行政交通标识系统、文化旅游标识系统、学校空间标识系统等多种类型。其中，行政交通标识系统又包括公共汽车标识、道路标识、行人标识、停车标识等内容。

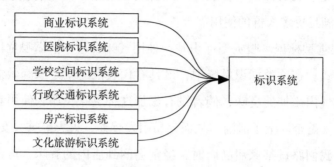

图 4-8　按照环境分类的标识系统类型

（3）按照信息接收方式分类

① 视觉型标识。这类标识以人们的视觉为基础，是一种利用文字和图画来呈现并传递信息的标识形式。与其他感官类型的标识系统相比，视觉型标识的认知度、醒目性和可读性都要更加优越，而且信息传递的明确度和清晰度相对较高，所以这种类型的标识应用范围更加广泛。

② 听觉型标识。所谓的听觉型标识，其实就是一种利用声音来表达和传递信息的标识形式。一般情况下，此类标识系统的服务对象大多是不能依靠视觉来获取信息的视觉障碍者，属于一种无障碍标识系统设计。如红绿灯在变化时会有一定节奏的声音提示，当绿灯快要变红时，声音会变得急促，从而为视觉障碍者提供道路指示。当然，这种标识系统也适用于正常人，将听觉型标识与视觉型标识结合到一起，能很好地强化标识信息。

③ 触觉型标识。触觉型标识的主要服务对象也是视觉障碍者，通常会与听觉型标识进行有效结合，以便为他们提供具有明确导向性的信息标识。譬如，道路上铺设的盲道标识就是一种以触觉为基础的典型代表，

能较好地防止盲人发生交通意外事故。现如今，还有些导向标识设施是针对盲人过马路而设计的，他们通过触摸盲文来获取信息。因此，关于适老化康复景观的标识系统设计，可尝试在原有标识牌的适当位置增添盲文，以满足更多人群的使用需求。

④ 嗅觉型标识。嗅觉型标识是一种用气味表达，依靠嗅觉传递信息的标识形式。在这类标识系统中，最具有代表性的就是家庭做饭和取暖时所用燃气内添加的臭味，倘若没有添加这种臭味，那么使用者就很难察觉到燃气是否发生了泄漏，从而容易引发爆炸、火灾等重大安全事故。此外，当我们路过某家甜品店时，经常会闻到店内的香味，这也可以作为一种独特的气味标识，从而让我们可以通过嗅觉来确认甜品店的具体位置。嗅觉型标识虽然在标识系统中占比较少，但却可以大大提高标识系统的趣味性，能起到丰富标识系统类型的作用。

（三）照明与标识系统的联系

1.照明与标识系统的规划设计

（1）前期规划均需要对空间组织结构进行解读

在适老化康复景观照明系统的前期规划中，照明的空间组织应在全面了解景观特征、老人夜间活动规律、规模大小等信息的基础上，合理利用点线面等形成夜景观赏序列，构建出主次分明的照明系统。同样的，在标识系统的前期规划中，也需要对整个景观空间结构和相关信息进行详细解读，尤其是对景观的空间结构、道路系统、老年人需求等内容的分析，最终确定比较详尽的标识系统设计任务。

总之，不论是照明系统还是公共标识系统，在设计之前都要搜集相关信息，并进行分析和解读，最终确定设计的主要思路、方向和方案。

（2）规划布置和表现形式均具有相似性

照明系统和标识系统都需要在一些重要区域和节点进行重点布置，如道路系统、水景旁、具有高差设计的台阶等地方，因此，两者的规划布置具有高度相似性。

从表现形式来看，照明系统和标识系统均是以点、线、面、体、空间作为表现手段的，两者之间也具有相似性。而不同之处便在于照明系统的颜色、色温等变化是通过控制器来实现的，而标识系统的变化主要体现在材质、色彩和工艺制作等方面。

（3）照明与标识均需要设置分级体系

为帮助人们具象了解景观的夜景，照明系统通常会分为光彩级（一级）、亮化级（二级）和控制级（三级），分别对应景观的道路系统、景观节点和活动区域。

而为了提高标识系统的服务效率，其设计都会根据人们的行进习惯和心理，选取最快捷的路线进行引导，并且还会将其分成为一级标识、二级标识、三级标识等，以便构建出良好的景观空间秩序。

2. 照明与标识系统的艺术性

照明系统与标识系统都与文化、艺术有着密切关联，是对适老化康复景观进行创意设计的重要方向。

夜景的意象提炼主要在于地域文化特色的挖掘和抽取，以照明系统为载体，通过灯光语言的刻画表现来展现出独有的地域特色，从而形成富有文化内涵和地域特色的夜景效果。而标识系统作为环境建设的一份子，需要与周围环境、地域文化、建筑风格等保持统一协调。它一般会通过不同的设计风格来体现不同环境的文化差异，能让人们从中感受到文化特色的存在，有画龙点睛之效。

3. 产品的相似性及安装设置的差异性

不论是照明系统的灯具产品，还是标识产品，均有常规标准款和定制款之分，需要根据实际情况和需求来选择。

在安装设置方面，由于照明主要在夜晚表现，所以灯具的安装方式更注重隐蔽性，强调"见光不见灯"，以便更好地维持环境的协调性。

而标识的作用主要在于引导，安装位置应是比较显眼、引人注目的地方，但其安装的辅助元件如螺丝、配线等要尽可能隐蔽。

二、适老化康复景观照明与标识系统的设计方法

（一）照明系统的适老化设计

从老年人的生理特点来看，他们的身体感官系统呈现出不同程度的退化现象，不论是对光照的感受能力还是对光线突然变化的适应能力都有明显降低。因此，户外照明系统必须要考虑到老年群体对环境和光线变化的适应协调能力，应从以下几点出发来进行适老化设计：

1. 位置设计

为保证老年人在夜间出行和活动时的安全，应尽量在社区的出入口、道路交叉口、建筑物出入口、活动场所等常有老人出入的位置，专门设有较高亮度的照明设施，以保证这些区域有足够的照明，从而提高老人对户外活动场所在夜间的使用频率。此外，要注意在存有高差变化如台阶、缓冲带、路缘石、坡道等位置，结合周围环境配置不同高度与亮度的照明设施（如表 4-10），从而为老人看清脚下道路的地势变化提供便利。

不同照明设施的引导功能不同。因此，照明系统的设计必须要考虑到不同活动场地对光照环境的要求和老年人需求，尽可能选用物美价廉的灯具来保证户外环境的光照充足和持续性的照明。这不仅可以有效减少社区内的消极空间数量，还能避免老人因看不清而出现摔倒等意外事故。

表 4-10　常见照明灯具的尺寸高度及用途

照明灯具	尺寸高度	用途
庭院灯	2.5m ～ 4m	主要用于社区活动场地、小型广场等

续　表

照明灯具	尺寸高度	用途
草坪灯	0.7m～1m	大多布置在园艺花坛、绿地等场地
脚灯	0.2m～0.3m	常见于墙体、台阶附近
壁灯	/	布置在建筑外墙、围墙上的装饰灯具，一般在出入口附近
草坪地灯	/	主要用于灌木草丛边缘处，用来增加绿化照明，丰富夜景
投光灯	/	常用于雕塑等景观小品的单体照明

2. 灯光色彩

与普通年轻人相比，老年人对色彩的辨识能力明显降低，而且相较于冷色调的色彩，老人更容易识别出暖色调的色彩。所以，在选用照明灯具时应尽量避免大范围使用蓝绿等冷色调的光源。此外，不同类型的灯光颜色能营造出不同的环境氛围，进而影响老人对周围环境的感受。如黄色、橙色等暖色系的灯光照射，容易给老人带来一种温暖、快乐的心理感受；而蓝色、绿色等冷色系的灯光照射，容易给老人带来一种安静、清爽的感受。因此，我们还可以结合季节和温度灯的变化来适当改变灯光的色彩，旨在进一步提高老年群体参与户外活动的积极性。

3. 灯光照度

通常情况下，老年人对光照的强度有更高需求，视觉能力的下降，使得他们必须要接受更高的灯光照明度才能达到正常年轻人看清物体的标准。因此，可通过增强灯光照明亮度、增设照明设施等方法，来刺激老年人的视觉神经，使其视力可见度变高并看清物体。但值得注意的一点是，这些方法虽然能满足老人对照明度的需求，但也容易因光照度过强而导致老人出现眩晕的问题。因此，照明系统的适老化设计，应尽可能避免使用发光、反光等材质，还要注意灯光照明的方向转换，减少光照盲区，从而为老人的夜间出行提供充分的光照环境。其中，光照盲区一般是由于光照直射而产生的，可通过增加半透明灯罩、利用周边植物遮挡等方法，来缓和并转换直射过来的灯光，以减少老人对强光照射的眩晕感。

（二）标识系统的适老化设计

随着年龄的增长，老年人的记忆力会逐渐衰退，部分老人不仅会在自己日常居住和生活的社区内迷失方向，甚至有的还容易弄混楼与楼之间的楼牌号和单元楼门牌号。因此，如果可以为老人提供清晰、明确的标识系统，帮助他们明晰自己的位置，辨别方向，就能大大提升老人对户外环境的安全感需求。标识系统的适老化设计应注意以下几点：

1. 位置

标识系统的设置应保证完整、连续，其位置应设置在老年人日常活动或出入频繁的场所，如步行道、主要活动区域、社区出入口、单元楼门口、坡道起止点等。其中，标识牌应放在光线较好的地方，各个方位都要有，并且要配设暖色调的灯光，让老人即便在晚上活动也可以准确识别出标识牌上的内容。此外，不同的活动场地有其独特的功能，如果可以设计出相应的标识牌，就能大大丰富老人的晚年生活，使其了解到更多相关的信息。譬如，增设宣传牌，能让老人了解一些重大事件；在树干上增设植物科普牌，能帮助老人掌握更多自然知识等。

2. 尺寸与文字

由于老人的视觉能力逐渐下降，所以标识系统的设计要尽可能简单、清晰。文字的大小、标识牌的高度、色彩、尺寸等，都要以老年群体的生理特征及需求为主，尤其要考虑到身体有障碍的老年群体的使用需求。一方面，标识牌的尺寸要大小适宜，其制作要选用无反光的材质，避免让老人产生眩光。另一方面，标识字体的设计要大，多用简洁明了的粗体字，且字体颜色和背景色应形成鲜明对比（如图4-9），方便老人识别。

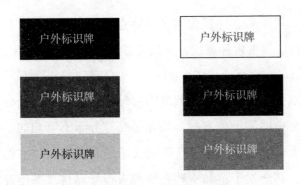

图4-9　适用于老年人的标识牌色彩配置

三、案例分析

接下来我们以西安纺织城四棉住户区为例，针对适老化康复景观的设计情况进行简要阐述，分析目前存在的问题和老年人的户外活动特点，并从照明与标识系统设计的角度来提出相应的改造对策，仅供参考。

（一）纺织城四棉住户区的概况

1.基本情况

四棉住户区位于西安市纺织城综合发展区，是一个典型的"单位制"旧社区。该社区东临唐都医院，西侧与纺织城公园仅隔一个街区，周边的交通设施也比较完善。四棉住户区所处的位置非常好，处于纺四路和纺五路之间，而且西接这片区域发展的交通性干道和商业性干道——纺织城正街，东至生活性干道——纺织城东街。

四棉住户区的住宅大多建于1950～2000年。以1980年为分界线，在1980年之前，该社区的住宅形式是低层的围合式住宅，建筑层数以三层居多，并保留了一定的苏式建筑风格特色，有浓厚的历史气息，大约占社区住宅总数量的63.9%。在1980年之后，该社区的住宅形式大多为4层和5层的行列式排排楼，大约占社区住宅总数量的30.7%；而在2000年之后，有大约5.4%的住宅形态是6层板式住宅。从四棉住户区的总体规划布局来看，房屋建筑设计特点是周边式布局，且住宅呈轴线对称分布，环境氛围古朴亲切，空间尺度大小的设计也非常适合老年人。

2. 户外照明与标识系统的分析

从整体来看，四棉住户区的照明与标识系统的设计还存在不完善的地方，尤其是在照明设施方面。首先是路灯分布不够均匀，而且路灯的间距设置过大。除了在东侧、西侧的主干道和北侧新住宅的周边道路设有路灯以外，其余次干道和支路几乎没有设置路灯。即便设有路灯，也会因间距过大而无法达到正常的照明标准。其次是很多路灯损坏严重、年久失修，无法正常完成夜间照明的工作。最后是社区内缺乏重点照明与标识系统。特别是一些容易发生安全隐患的地方，照明与标识设施比较欠缺，如道路交叉口、有台阶的单元楼出入口等。即便是后期新建的健身场地，照明也不够明亮，导致一到夜晚，社区内的老人几乎无人走动，从而与白天热闹的景象形成鲜明对比。

（二）四棉住户区老人的活动方式和时段

1. 活动方式

四棉住户区老人的活动方式有很多，包括散步、闲坐旁观、小聚聊天、下棋、打麻将、整理园圃等。其中，大约有73%的老人经常到户外闲坐旁观、小聚聊天或者打麻将，是大多数老人喜欢参与的三种活动类型。

（1）打麻将

在四棉住户区居住的老年群体，年轻时大部分是四棉工厂的职工，从事的工作是简单的体力劳动，人际交往圈比较小，所以退休后的生活交际圈也大多局限于此，户外娱乐的方式比较单一。打麻将是一种简单易学的大众化娱乐活动，既能增加与别人的互动交流，又能锻炼大脑，预防老年痴呆症、心脑血管等疾病的发生。因此，打麻将娱乐活动深受该居住区老年人群的喜爱。

（2）小聚聊天

四棉住户区中有很多供老人聊天的"聊天角"，不论是在宅前屋后、社区门口，还是在道路两侧、住宅空地，都能看到三五成群的老人在小聚闲聊。老年群体非常容易受到各种事物的影响而感到心理失落，所以很多老人希望通过与他人谈心、拉家常、聊趣事的方式，来缓解自己内心的失落感。

（3）闲坐旁观

闲坐是一种静态、无目的性的活动形式；而旁观是一种以被动接触为主的交往行为，强调人在"看与被看"的过程中找到存在感和归属感。对于老年人来说，活动能力的下降会致使他们的心理产生一定的孤独感。所以，不少老人为了度过一个休闲舒适的下午时光，都会选择走到户外悠闲地坐在一角，晒着暖暖的阳光，听着收音机，看看来往过路的行人。

2.活动时段

该社区老年人的生活作息时间比较规律。其中，在户外活动人数最多的两个时间段就是上午的9～11点和下午的2～5点。在上午，老人外出大部分是为了进行晨练、买菜、小聚聊天等活动。到了下午，老人会到户外进行下棋、打牌、闲坐旁观等活动，通常会比上午外出活动的人数要多一些。但是到了夜晚，老人外出活动相对较少，社区氛围没有白天那样热闹，而导致这一现象的原因主要有两个：一是因为老人视力的衰退，担心夜间出行发生危险；二是因为社区的照明设施不够完善，很多老人不愿意出来活动。

（三）四棉住户区照明与标识系统的适老化改造设计

1.整体规划

（1）照明规划

针对四棉住户区照明系统的适老化规划设计，可将其从整体上分成两个方面。一是区域的重点照明，主要包括社区出入口、建筑物出入口、重要的活动场地以及有高差变化的危险地段等。二是区域的功能性照明，主要包括社区内的各级道路、宅前道路和其他活动区域。但不论是哪一种照明系统，都要分布均匀且分级合理，方便帮助老人在夜间出行和活动时明确方位。

① 区域的重点照明。区域的重点照明一般可通过增加照明亮度、改变照明设施的密度排列等方法，用来提示某特定区域的道路状况和周围环境变化，从而更好地满足社区老年群体夜间出行和活动的安全感需求。但要注意的是，照明设施的光线不宜太过刺眼，应尽量保证水平、均匀的灯光照射，以避免给老人带来不舒适的视觉感受。

② 区域的功能性照明。本质上讲，区域的功能性照明就是指能满足社区基本照明需求的设施，在居住区中主要指沿着道路两侧的照明系统，并且如果这个照明系统清楚且连贯，即便是低照度的路灯也能满足老人安全出行的需求。所以，为了给老人提供良好的功能性照明系统，一般可以通过采用改变照明设施的高度、位置布局，或者是使用低照度照明设施等方法，来构建一个更适合老年人夜间活动的社区环境。至于一些容易发生安全隐患的地方，如斜坡、减速带等，可以适当涂刷一些反光材料，用来提示老人要注意道路危险，防止老人在夜间出行时发生摔倒等意外事件。

（2）标识规划

关于四棉住户区标识系统的适老化规划设计，应尽可能完善，既要包括单元楼、社区出入口等的标识，也要设有道路警示牌和社区环境标识，以确保老人能够安全出行。其中，不同社区标识系统的功能也是不同的。譬如，在社区的出入口位置增设小区名称标识牌，可以大大提高老人对小区的识别性和归属感。在每栋楼和单元门设置相应的门牌号，可以避免老人迷路。在主要的活动场地和步行道设置车辆限速的警示牌，可以为老人构建一个安全的户外环境。同样地，在地势存有高差变化的一些危险路段增设提示牌，也能起到提示危险的作用。此外，在社区内增设环境标识，能很好地帮助老人明确定位、发现危险、辨识方向等，使其在户外活动时心理上更安定。

2. 设计要点

（1）户外照明适老化设计

与普通年轻人相比，老年人的视觉能力明显降低，视域范围减小，往往需要更高的光照亮度照射，才能满足老年群体夜间出行的安全感需求。在四棉住户区中，户外照明系统应充分结合老年群体的身心特点及需求来设计，使其更加适老化。具体的设计要点如下：

① 以老年群体的需求为主。相较于普通的年轻人，老年人对照明设施往往有更高的使用要求，要提高 2～3 倍的光线照度水平来刺激他们的视网膜，才能使其感到舒适。此外，为了满足老人夜间出行的基本需求，应在四棉住户区的出入口、单元楼出入口、道路交叉口等位置适当增设高亮度的照明设施，尽可能保证他们的人身安全。同时，还要注意在老人出入比较频繁的活动场地、宅前庭院等场所，增设具有特殊照明效果的照明系统，使其更加适老化。

② 尽量避免过亮的眩光点。可通过以下几种方法来减少过亮眩光点给老人夜间出行带来的不适感：一是搭配设置高低路灯，使光线产生交叠区，减少眩光的产生；二是利用半透明灯罩来遮挡直射过来的光线，避免产生眩光；三是要使用光线向下的照明设施，不可使用光线朝上或者光线朝外的照明设施，避免老人出现眩光。此外，灯光颜色的选择应考虑到整个住户区的基本色调，多选用偏暖色系的灯光照射，避免使用过于刺眼和冷清的颜色，有利于为老人营造温馨、舒适的夜间出行环境。

③ 照明系统应多样化。对于四棉住户区夜间照明系统的改造设计，应尽量保证其多样性，如可增设道路两侧的路灯、藏在灌木之间的艺术灯等，避免社区照明系统过于单调。路灯的设置要满足老年群体的夜间

照明需求，艺术灯的设置则更侧重于营造社区氛围，起到点缀烘托的作用，旨在将社区夜间环境的美展现出来。而社区内树木和植物在这些灯光的衬托下，也会变得更加富有生机，使得整个社区景观更丰富多彩。至于一些灯光照射不到且容易发生危险的地方，要增设一些辅助性的照明设施，如单元楼侧面、道路的转弯处等，以保证夜间出行老人的人身安全。此外，不同的活动区域和场地也要设有不同的照明设施，用来更好地帮助老人在夜间区分活动场所、明确方向。譬如，针对社区主要道路、支路、宅前道路、其他功能区域等照明系统，应采用不同色彩、光照亮度和强度的照明设施，使其有一定的照度差异，方便老人辨别。

（2）户外标识适老化设计

由于老年人的视觉功能逐渐退化，对事物颜色和外观形象的辨别能力变差，再加上记忆力衰退等原因，他们在户外活动时经常会出现因忘记自己所处位置而迷路的情况。而具有良好导向性的标识系统能有效帮助老年群体和来访者辨识社区及各个活动场所的出入口，明确建筑方向和信息，从而明确自己的位置。由此可见，只有当户外活动空间和外界环境有较高辨识度时，才能更好地满足老年人生理和心理上的安全感需求。在四棉住户区中，户外标识系统应充分结合老年群体的身心特点及需求来设计，使其更加人性化。具体的设计要点如下：

① 风格应与社区环境保持一致。社区环境是一个有机整体，是由标识、建筑、道路、景观小品等多种元素共同构成的。因此，对标识系统风格的改造必须要从整体来考虑，充分结合社区的环境特点和老年人的身心需求来展开标识布局规划设计，以便为老人提供安全、舒适、便捷的户外环境。

② 标识系统应具有较强的易识别性。标识系统最主要的作用就是向人们传达准确、清晰的信息，引导人的视线和出行路线。像街边的广告牌、马路边上的路牌，都是生活中经常见到的标识系统。而社区环境中

的标识系统不仅仅包括了某植物或某雕塑小品的铭牌，还包括能指引不同方向和地点的引导牌。由于适老化康复景观的服务对象主要是老年群体，他们的视力和对色彩的感知能力有所下降，所以标识系统的设计必须要有较强的易识别性，方便老人识别和辨认。其中，标识的易识别性主要体现在字体设置和色彩设置两个方面。关于标识字体的设置，宜采用没有装饰、简洁易懂的粗字体，如宋体、黑体、楷书等，切不可使用特殊的字体，否则不利于老年人的辨识。另外还要注意使用大尺寸、无反光的标识牌，以确保字体的清晰明确。而关于标识色彩的设置，主要体现在文字颜色与标识牌背景色，一般强调两者相互形成鲜明对比。其中，使用白色字体或其他标识图案，配黑色或者其他深色背景色，更容易被老年人识别。如果想要使用彩色的字体，宜采用红色、橙色、黄色等暖色调的颜色，避免使用蓝绿色等不易被老人辨识的颜色，且背景色要与字体成对比。同时还可以适当结合语音信息或者是智能化辅助设施，用来帮助老人强化标识信息的提示。

③ 考虑特殊老年群体的使用需求。标识系统的设计除了要满足普通老年人的基本需求，适当提高标识牌的夜间照明亮度，为他们的夜间出行和活动提供便利，同时也要考虑到轮椅老人、视觉有障碍老人等特殊人群使用标识牌的基本需求。譬如，考虑到轮椅老人的视线活动范围，标识牌的高度设置宜在 0.7m ～ 1.5m 之间，方便轮椅使用者看清标识内容。而对于视觉有障碍的老年人而言，应采用凸字标识的方法，使其能通过触摸来感受到文字的变化，进而识别出标识信息。

第六节　景观构筑物的设计与案例分析

一、相关概念

（一）景观构筑物的类型

生活水平的不断提升，明显提高了人们对生活居住环境的要求。康复景观作为当代人类生活的重要组成部分，其设计也在不断追求创新，致力于通过深入景观的要素细节设计，来保证景观设计质量和设计水平。

景观构筑物是康复景观设计的重要要素，其设计既要关注整体的设计风格和特色，也要注意提高人们对构筑物的关注度。广义上讲，景观构筑物主要是指供人观赏和休憩的各种构筑物，像喷泉水景、假山水池、栅栏、走廊、花架、门楼、草坪、雕塑等，都可以被认为是景观构筑物。而从狭义上来看，景观构筑物是指那些能装饰环境、愉悦人心的构筑物，其最明显的一大特点就是构筑物自身所具备的精神功能超过自身的物质功能。本书中所提到的景观构筑物更侧重后者的说法，即：景观构筑物主要是指那些体量较小的构筑物，如花架、连廊、廊架等构造简单、体量不会太大的结构要素，主要起装饰环境的作用。

景观构筑物的类型主要有四种（如表4-11），这四种类型既是景观构筑物的基本类型，也是最常用的几种类型。

表4-11　景观构筑物的类型

设施类型	包含要素
交通设施	坡道、台阶、小桥、坡阶等
围护类设施	墙体、人口、大门、护栏等

续 表

设施类型	包含要素
功能类构筑物设施	地下入口、采光棚等
小品类设施	标识性构筑物、亭廊花架等

（二）景观构筑物的作用

1. 构筑物元素在环境建设中的作用

在景观环境建设中，构筑物是非常重要的组成元素。一个优秀的景观构筑物不仅要有自身的人文环境外形设计，也要融入一些当地的民俗文化、历史传说等元素，使构筑物具有独特的本土特色。而且，这些元素的融入还能在增加景观色彩的同时，促使构筑物成为景观地标或者是标识性景观建筑，具有一定的交通指示、文化传播和旅游观光等作用。

近些年来，我国环境建设与景观建设之间的联系越来越深，并且人们愈发意识到景观构筑物在景观和环境建设中所发挥的重要作用。譬如，天津大学的纪念碑，主要是为了纪念天津大学建校 100 周年，并作为景观构筑物对外展示天津大学的百年历史。中山岐江公园利用旧船厂改造，一是为了实现废物再利用，二是为了将其作为景观构筑物唤起人们的回忆。从这两个例子可以看出，优秀的景观构筑物能在景观设计和环境建设中起到很好的标志、文化传播等作用。

2. 引导性、功能性和艺术性的作用

首先，在目标环境中，景观构筑物不仅仅具备了一定的使用功能，同时还具备了环境导向、连接空间组织关系的功能。简单地说，其实就是指将环境中的不同景色组织或连接起来，可以说构筑物在不同景观环境中扮演着连接纽带的重要角色。当进入景观环境之后，人们可以感受到同一空间的不同景色，有良好的引导性功能。其次，景观构筑物的功能性主要表现为三个方面：一是能为人们提供游玩的场所，二是能为人们提供遮风避雨、停留休息的场所，三是能为人们的生活居住和观赏营造良好的氛围。如桌椅、板凳、灯具等景观构筑物虽然小，但却可以在经过多样化设计后满足不同人群的使用需求。最后，构筑物既是景观设计的要素构成，也是一种艺术品，有一定的审美价值。它可以利用自身的色彩、尺寸和造型等，来表现自身的艺术性特点，并通过合理有效的设计与布置融入景观环境当中，既能装饰并美化空间环境，大大提升景观的艺术价值，还能满足人们的审美需求。

二、适老化康复景观构筑物的设计方法

在康复景观中，不同的景观构筑物有其不同的设计形式和设计要点，具体如下：

（一）入口、大门的设计

1. 构成形式

景观入口、大门的设计形式主要有三种。一是利用原山石或者是模拟自然山石构成入口，如彼得·拉茨花园中利用天然石板搭建而成的脊状入口。从远处看，像山谷中一具恐龙骨骼化石，"脊柱"部分是一条条进入花园的小路；"肋骨"部分则是排列在左右的石板，从低到高又到低，每一块石板的外缘都是曲线，共同构成了恐龙的身形。当人们沿着"脊柱"行走时，还时常会看到水雾喷出，因此，彼得·拉茨花园又有"雾中龙脊"之称。二是利用小品建筑构成入口，如太华山门牌坊。三是利用亭、台、廊结合自然山石和古木等要素构成入口，常见于园林设计。

2. 设计要点

首先是位置的选择。景观入口、大门的设计应尽可能选择交通干道一侧（需避开城市主干道以及城市交通路口）其他方向设计次入口或人行通道即可，方便人们进出。其次是空间的处理。不论是主入口还是次入口，其空间设计必须要由三个部分构成，即：入口外部的集散广场、

入口建筑（包含大门）和入口内序幕空间。简单地讲，其实就是指大门或建筑和进出景观前后的出入口空间，这类空间属于过渡空间的一种。最后是建筑的设计。建筑的设计主要是指景观的大门和标志物设施，其设计应该具备容易让人识记且富有当地特色的特点。

（二）亭的设计

1. 亭的分类

亭（凉亭）一般为开放性结构，没有围墙，多建于路旁，供人休息、乘凉或观景。在适老化康复景观中，亭的设计必须要与周围环境相协调，并保证其私密性。

（1）传统园林亭

表4-12 传统园林中的亭（部分类型）

平面类型	图示
正多边形平面	如正四边形、正五边形、等，例
不等边形平面	如长方形、L形、十字形等，例
曲边形平面	如圆形、弧形等，例
半亭平面	例
组亭及组合亭平面	例

当然，传统园林中亭的分类除表4-12中列举的几种以外，还有不规

则形平面、双亭平面等类型。其中，传统园林亭的屋顶形式也同样有很多种，如卷棚顶、扇面顶、组合亭顶、重檐攒尖顶、歇山顶、盝顶等。

（2）现代景观亭

现代景观亭的设计类型有很多，包括利用新材料、新结构建设而成的现代景观亭、仿生亭、生态亭、智能亭等。譬如，美国波士顿的人工树就是仿生树亭的表现，它既能满足人与人、人与树的互动需求，也具备了一定的娱乐设施功能，更有利于促使人们逐渐养成保护生态的良好习惯。此外，美国亚特兰大自由公园中有一个三维空间艺术亭，是由400个木制椅子排列而成的解构组合亭，哥伦比亚蜂巢景观亭（新材料结构型亭），美国拉斯维加斯城市公园中的主题亭子（现代创意型亭），太阳能充电休息亭（智能亭）等等，这些都归属现代景观亭的范畴。

2.设计要点

不论是传统园林亭还是现代景观亭，其必须要遵循三个设计要点。一是亭的造型设计和尺度大小，必须要考虑到亭所处的环境空间大小、环境性质等，选择合适的位置因地制宜地去设计。二是材料的选用和结构的设计，应尽可能选用当地特色的建筑材料，不仅加工便利，而且还容易融入大自然环境，其颜色选择也应与自然环境相配合。至于亭的结构设计应以安全、可靠为主，切实保证使用人群的人身安全。三是亭的设计要充分考虑现代化社会的使用需求。

（三）廊的设计

1.廊的分类

廊是指房屋前檐伸出的部分、房屋内的通道或独立有顶的通道。其位置一般会选择平地、水体、山地这几个部分，具体如图4-10：

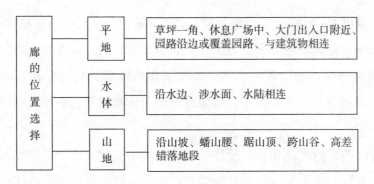

图 4-10　廊的位置选择

按照廊的横剖面形式进行划分，可将廊分成以下几种：双面空廊（双面通透，可两面观赏景物）、单面空廊（一面通透，面向主要景色；另一面沿墙或其他建筑物，形成半封闭效果）、复廊（在双面空廊中间隔一道墙，形成两侧单面空廊的形式）、双层廊（上下两层的廊，人们可以在不同高度欣赏美景，还能丰富景观的空间结构）。而按照廊的整体造型进行划分，可将其分成如直廊、回廊、曲廊、桥廊、爬山廊、抄手廊、水廊、叠落廊等多种形式。

2. 设计要点

廊的形状和位置选择都有很多，那么它的设计要点应注意哪些呢？可从以下几个方面来考虑：

首先是廊的位置选择（在平地上或山地上建廊）。当廊建立在小空间或者是小型园林当中时，一般都会沿着墙或其他建筑物进行"占边"布置。在廊、墙、房等围绕起来的庭园中部组景，使其形成四面环绕的向心空间（中心庭园），尽可能从视觉上给人一种较大的空间感。当廊建立在水边或水上时，主要是为了形成以水景为主的空间，用来提供欣赏水景的平台、联系水上建筑。水廊的设计有在岸边和完全凌驾于水上两种形式。建立在岸边的水廊，廊基一般紧接水面、廊面大体上贴紧岸边。凌驾于水上的水廊（桥廊）与桥亭一样，能横跨水面，除了供人休息、观景以外，还能丰富景观环境，其造型在水中形成的侧影独具特色。而在山地上建廊一般是为了方便让人登山观景，同时还能联系山坡上下不同高程的建筑物，有利于进一步丰富山地建筑的空间结构。山地建廊的设计必须要以安全为主，因地制宜地设计和规划，确保人们的人身安全。

其次是廊的尺度和色彩设计。廊的尺度不宜过大，应以玲珑轻巧为主，并且从总体上要有自由开朗的平面布局。廊的色彩应尽可能根据地方建筑特色去选用。譬如，在南方，廊与建筑的搭配大多会采用深褐色等素雅的颜色；在北方，廊与建筑的搭配则大多以红绿色为主，再配以山水人物等彩画来加以丰富和装饰。总之，廊既是供人休息观景的建筑物，需要开阔视野，也是景色中的一部分，需要融入自然环境当中，其尺度和色彩设计应以实际情况为主。

最后是廊的细节装饰设计。廊的细节装饰设计与其功能紧密相连，廊下一般会设有坐凳、栏杆等，既可以让人坐下休息，也能起到一定的防护作用，还能与长廊中的挂落呼应成景。廊的细节装饰设计不仅仅要求美观，还要具有一定的功能性。譬如，在南方，为了防止雨水溅入廊内，进一步增加廊的稳定性，大多都会将坐凳设计成实体矮墙。而对于一面有墙的长廊，很多都会在墙上开一些透窗花格，使其既具备采光、通风、取景之功能，也能在晚上被用来做成灯窗。北京颐和园乐寿堂中的长廊设计就是如此。

（四）艺术小品的设计

在适老化康复景观中适当增加艺术小品，能大大提高老人在户外空间的参与感，活跃氛围。对于老年人而言，尺度相对小一些的艺术小品更容易被掌握和控制，能使其产生一种莫名的亲切感。一方面，在设计景墙时，要注意考虑到老年人的视线通透性，切不可阻挡老人和外界的视线，避免老人发生意外时无法及时被发现的情况出现。譬如，对于普通健康老人，景墙的视线高度可设置在大约 1.5m 处；对于拐杖老人，景墙的视线高度可设置在大约 1.4m 处；对于轮椅老人，景墙的视线高度可设置在大约 1.1m 处。另一方面，在设计雕塑时，除了要生动有趣，还要尽可能与老年人的生活相贴合，使老人与雕塑产生互动和共鸣。如可以设计下棋、健身等贴近老人日常生活的雕塑小品。如此一来，这些雕塑小品既能给老人的生活与交往带来更多话题，还能传递给他们以积极正向的精神力量，有利于促进其身心健康的恢复和疗养。

此外，需要注意的是，雕塑小品的种类大致分为纪念性雕塑、主题性雕塑和装饰性雕塑三种。纪念性雕塑通常以历史事件或有影响力的人物为主，一般体积较大，其设计的目的就是为了体现重要的历史意义。主题性雕塑通常会被放置在广场或者是特定的道路景观当中，有一定的特定含义。装饰性雕塑题材丰富、形态自由灵活，其尺度和体量上也没有过多限制，应用比较广泛。这类雕塑的设计能给人带来趣味性，它还能作为一件艺术品放在各种环境当中，起到装饰和丰富景观环境的作用。尤其是在适老化康复景观中，装饰类雕塑能凭借其独特的艺术表现力和视觉冲击力，吸引老人主动到康复环境中休息、交流和活动，进而有效调节老人的不良情绪。但在设计时必须要考虑雕塑小品与人之间的距离和空间尺度是否相宜。

三、案例分析

接下来我们以四川巴中秦巴养生文化园区为例，从景观构筑物的角度来提出相应的适老化设计对策，仅供参考。

（一）整体分析

1. 园区总体分析

从园区的场地环境和功能分区来看，该园可分成六个区，包括入口服务管理区、农事体验养生区、养生文化体验区、滨水休闲养生区、林地保健养生区和森林静心养生区。

入口服务管理区主要是用来集散人流、展示园区形象和接待服务的，包含入口广场、接待服务中心、停车场等节点。农事体验养生区以"回归自然"为生态养生理念，保留原有的农田基埂，让人们可以通过园艺活动、果蔬采摘来体验"亲农"养生空间。养生文化体验区作为核心景观区，以"导引—调息—吐纳—致和—养生"五步养生为情景线设计活动空间，通过立体化（视、听、嗅、触、味）的景观展示养生文化。滨水休闲养生区以水面为中心，不仅设有木栈道、亲水平台、生态浮岛、卵石浅滩等设施，还设置驳岸、叠石等要素，给人营造一种宁静雅致的环境氛围，有利于人们在该区域内静心养身。林地保健养生区通过利用植物的养生保健功效，结合不同植物群落的观赏特性、色彩、季相变化等，为人们营造五位一体的养生空间环境，给人以不同的感官体验。森林静心养生区以静思冥想空间为主，依势修筑的米仓古道能满足人们登山健体、静心吐纳、日光浴、森林浴等需求，是一种"亲林"养生空间。

2. 园区设计理念

秦巴养生文化园凭借其山环水抱的地势，设计出依山顺势、"后有靠山、前有曲水"的养生景观。一方面，依托于巴人山地文化打造出"山龙"景观序列，结合置石小品、植物配置等要素再现巴人生产生活、民俗风情等地域文化特色。另一方面，借助天玑湖水滨亲水空间打造出"水龙"景观序列，通过小岛、曲桥、驳岸等营造出多种主题的滨水活动空间。

总之，该养生文化园通过"山龙""水龙"两条景观序列，依托传统养生思想，结合养生保健植物、活动空间、养生服务项目等，致力于为人们提供亲近自然、康体保健、调整身心的养生环境。

（二）景观构筑物的适老化设计

关于秦巴养生文化园景观构筑物的适老化设计，我们主要从分区景观节点设计和园林专项景观设计两个部分来考虑，具体如下：

1.分区景观节点设计

（1）入口服务管理区的节点设计

① 文化诠释。该区域的设计主题是"以舞传情"，通过提取巴文化中的"巴渝舞"元素，结合景观来呈现其文化寓意，强调突显出巴文化的"巴人乐"。对此，我们可以通过地铺纹案、景墙浮雕等来突显出该区域的主题立意，并将其设置在入口服务管理区，从而传达出巴中巴人热情好客的姿态。

② 节点设计。巫与鼓是巴渝舞的重要组成部分，所以，我们可对鼓、仗两种元素进行提取并进行形态符号的创新变形，并以景墙的形式呈现出来，再结合绿篱花坛等形成入口景观序列。这样一来，既能给人带来一种庄重神秘感，还能通过景墙这一景观构筑物对外传播巴渝舞的文化内涵。在园区入口开敞空间，可利用高差设计抬高地形，让大门建筑从视觉上更高大宏伟。至于抬高的地面，可利用"巴渝舞"来加以纹饰，并在台阶两侧设置跌水景观，这不仅与养生文化园"山水结合"的设计理念不谋而合，还能将当地的地域特色融入其中。另外，在主入口停车场通往广场的园路中，还可设置由巴人养生之道的景墙构筑物，方便老人学习和了解巴人的养生之道。

（2）农事体验养生区的节点设计

① 文化诠释。该区域的设计主题是"巴中农耕文化"，通过提取与农耕文化有关的景观元素，结合雕塑、场景再现等手段将农耕文化融入景观当中，强调突显出巴文化中的"巴人技"。

② 节点设计。该区域以自然田野景观和植物造景为主，主要被用来进行乡土娱乐、休闲垂钓、果园采摘等活动，给人一种"回归自然"的

感觉。对此，我们可通过设置以巴中农耕文化为主题的景观节点和设施小品，让老人在该区域中进行农事活动体验、农耕文化科普等活动。同时，还结合巴中民间技艺展示如农具制作、酿造技艺等，并以景观构筑物的形式将农具展现出来，充分表现出巴中市的地域文化特色。

（3）养生文化体验区的节点设计

① 文化诠释。该区域的设计主题是"朴优养生"，让人们可以从身体到心灵都能得到朴优净化，并通过设置养生空间、服务设施、养生体验项目等要素来为人们提供一个绿色、健康、生态化的养生保健环境，强调突显出巴文化中的"巴人情"。

② 节点设计。由于养生文化体验区以"导引—调息—吐纳—致和—养生"五步养生为情景线设计了各个活动空间，所以具体的节点设计也可分开来看。首先是"导引广场"，可设置传统养生导引运动的雕塑小品，并在一旁设有各类标识，指示引导人们在此进行导引运动、锻炼身体。其次是"调息广场"，除了要设有坐凳、卵石铺装等景观要素，还可以设置景墙、水景旱喷、五彩花田等各类景观构筑物，帮助老人从视觉、听觉、嗅觉等进行多感官调息养生。之后是"吐纳广场"，可设置特色树池配以周边绿植等景观要素，构成休憩冥想空间，借助植物的保健功效来帮助老人调养身心。随后是"致和广场"，可设置景墙、景观置石、花架等景观构筑物，搭配芳香型保健植物和健身卵石步道，共同构成惬意的养生空间。最后是"养生文化广场"，一侧连接景观湖，一侧连接养生坊服务中心建筑，广场结合巴文化中的图腾崇拜，将白虎、龙蛇融入景观灯柱、地铺立面纹饰当中，从而形成一系列蕴含"巴人情"的景观序列。

（4）滨水休闲养生区的节点设计

① 文化诠释。该区域的设计主题是"水"，通过溪流、跌水、旱喷等不同造景形式，为人们提供浅水池、缓坡草坪、卵石浅滩等各种亲水

平台，并利用驳岸线等景观构筑物和湿生植物景观，营造出富有自然气息的水景空间。

② 节点设计。该区域意在突显"水"的主题，整个水景依托于天玑湖，空间可分成与养生广场相结合的大水面部分、跌水部分、溪涧潺流和戏水池四个部分。首先是大水面部分，可以在这里种植很多水生植物，以荷花为主，对此，我们可以在园林中建立"荷清亭"，为老人营造一种"夏赏荷，秋听雨"的美好意境。其次是亲水平台部分，我们应充分利用地形地势的特点，设置以自然生态驳岸线为主跌水景观，搭配一些景观小品、置石、花镜绿篱等自然元素，从而形成"宛若天成"的自然景观。然后是溪涧潺流部分，可以在四周布置自然山石景观小品，并与木栈道、植物景观等结合起来，共同形成动态的滨水游憩空间。最后则是戏水池部分，可通过借助不同的平台对外展示巴中特色生产农具——水车，使其作为景观小品供人欣赏和触碰，从而形成富有当地特色的戏水空间。

（5）林地保健养生区的节点设计

①文化诠释。该区域的设计主题是"环境养生"，通过提取巴文化中的"山地文化"，利用该场地的自然地形和自然生态要素，为人们提供有益于自身感官体验的空间环境。对此，我们应在充分尊重该区域的自然地形的基础上，因地制宜地设置相应的景观节点和景观元素。

② 节点设计。林地保健养生区的景观轴线可自西南向东北方向展开。一方面是在制高点位置设置山顶花园，周围种植茶山和芳香保健型植物，并且在入口处设置刻有茶叶养生、茶艺工序等内容的景墙浮雕，充分展示出巴文化中的"巴人艺"。同时还可以设置一处茶亭，老人可以在这里品茶、了解茶道，感受茶文化的魅力，从而给自己的听觉和味觉以良好体验。另一方面是以原有的地形为基础，种植一些芳香类的花卉，并搭配种植常绿树种和色变树种，从而给人带来一种层次分明、色

彩鲜艳的视觉和触觉体验。

（6）森林静心养生区的节点设计

① 文化诠释。该区域的设计主题是"林"，通过保留并充分利用场地的天然肌理和自然要素，设置森林氧吧、米仓古道、凉亭等园林设施，让人们充分享受森林浴、日光浴等养生体验项目，从而营造出一个"亲林性"养生空间。

② 节点设计。该场地的景观序列沿西北方向展开，凭借其原生态的地形地势形成一道天然绿色屏障带。米仓古道这一景观节点作为登山步道，以浓缩再现的形式展现出古巴历史文化，紧紧连接着其他分区景观，其坡度应控制在12%～15%左右，并设有围栏和扶手，而且每15～20个台阶就要设置休息平台和相应的配套设施，以便更好地帮助老人休息和恢复体力，从而最大限度地保证他们的安全。森林氧吧可供老人进行鱼疗浴、禅茶浴等各种特色沐浴养生体验项目，帮助他们调节身心健康。而且在室外可以通过泉池和密林的错落安置，以蓝天做顶、以绿树做墙，为老人提供更多亲密接触大自然的机会。

2. 园林专项景观设计

（1）园林廊亭建筑的设计

① 景观休息亭。秦巴养生文化园的景观休息亭设计平面可以方形为主，所用材料多为木材和竹材，这样一般比较容易满足老年群体的使用需求。譬如，山顶花园中的景观休息亭外观结构所用材料为竹材，亭内部中梁、柱等结构所用材料为木材，能够营造一种清新淡雅之境。亭内坐凳设计全部用的是竹材制作而成，其尺度大小要考虑老年人的身体参数，并且还要设置扶手和靠背，尽可能为老人提供舒适的休息场所。至于地面铺装、台阶和无障碍通道等细节方面，也要结合老年人的身体特征和需求进行设计。

② 景观廊架。一方面，景观花架宜设置在相应节点，并采用片式木

结构去设计，根据置石中心景观的风格和大小来设置适宜尺度的花架，为植物的生长提供攀爬架。花架的材质可选用刚性材料，内部也要设有木质材料的坐凳等休息设施，这既能满足植物的生长特性，也能满足老人的需求。另一方面，景观长廊的设计宜采用木质结构，并结合巴文化特色图腾加以装饰，使其形成花窗，以镂空的形式展示当地的文化特色。至于滨水空间的长廊设计，可采用单面空廊的形式，墙体上可用彩绘、展示板、浮雕等形式向老人宣传传统的养生保健文化。

（2）分区设施小品的设计

首先是入口服务管理区的设施小品设计：可根据入口广场、中心建筑和跌水景观等元素，结合"以舞传情"的主题理念，提取巴渝舞中的元素内容，并将其符号化融入景墙浮雕、置石雕刻当中。同时还可以将养生之道融入其中，而景墙的设置可适当与水景、绿篱等元素结合起来，从而将传统的巴人养生文化呈现给老人。

其次是农事体验养生区的设施小品设计：可侧重"回归自然、返璞归真"田园乡野风光的建设，以置石小品、石制农具等特色元素建设成园林景观构筑物。其中，置石小品以天然石块的形式呈现出来，搭配棕竹、南天竹等植物构成自然景观，可放于该区域的入口处。农具的设计可以偏小一些，将这一景观构筑物放于路的两侧，供人欣赏和进行劳作体验，既能让老人了解巴中特有的农耕文化，又能促进老人身体锻炼。

然后是养生文化体验区的设施小品设计：可围绕养生文化的主题，在该区域内设计动物雕塑（如与长寿有关的龟、鹤等）、置石小品、养生代表人物雕塑（如孙思邈）等景观构筑物，从而营造一种良好的养生保健氛围。

之后是滨水休闲养生区的设施小品设计：可结合"水"这一主题，在临近湖水的位置设置跌水景观，并通过构建雕塑小品等景观构筑物，利用其细部图腾纹饰展示出巴文化的独有特色。如此，就能为老人创造一个富有巴文化特色的亲水平台。

最后是林地保健养生区的设施小品设计：可将木桶花篱、置石小品等景观构筑物搭配植物元素，共同突显出该区域的"林趣"。其中，我们可就地取材，将置石小品搭配植物景观点缀到滨水空间、缓坡草坪、其他景观构筑物点缀到林下空间等位置，使其形成宛若天成的自然景观效果，从而为老人提供富有自然生态的森林静心保健养生环境。

第五章　适老化康复景观的设计策略

第一节　以满足老年人的心理需求为基础设计

通过对老年人心理特点及需求的阐述，我们对老年人的心理情绪及常见心理疾病有了一定了解。对此，本书从适老化康复景观设计理念出发，结合适合老年人康复疗养的相关理论，针对老年人对景观康复性设计的心理需求总结出相应策略，旨在更好地满足老年人的心理需求与康复需求。

一、建立老人健康教育与管理中心

（一）重视老人安全需求的满足

由于老年人身体的各项生理机能逐渐随着年龄的增长而衰退，他们更容易受到疾病的侵袭，再加上身边邻里好友的渐渐离去，致使越来越多的老年人愈发重视自己的生命健康。然而，如果老人的心理压力和消极情绪过于严重，反而容易适得其反，不利于老人的康复与疗养。所以，为了更好地满足老人的安全需求，我们必须要建立老人健康教育与管理中心。

一方面，要在景观中设计相应的医疗管理中心，方便老人随时都能查看并客观了解自己的身体状态，通过具体的数据来增加他们的安全感，降低他们因不了解自身身体情况而产生的焦虑心理。另一方面，要在景观中增设园艺种植区，或对边角闲置空间进行适老化改造，让老人通过种植、采摘、欣赏植物，来感受自然生物的生命发展过程，帮助他们正确认识并积极面对生老病死这一自然生命过程。

（二）重视老人自尊需求的满足

当老人离职退休后，与社会的联系就会逐渐减少，经济收入、社会地位等都会随之发生改变，这容易导致老人渐渐产生"英雄无用武之地"的挫败感。因此，为了让老人保持自尊，使其不产生被社会抛弃和遗忘的错误想法，就需要建立健康教育与管理中心，以此来帮助老人找到并树立新的生活目标与自我职责。同时，要注意在教育与管理中心中定期组织老人参加一些健康知识讲座，为他们提供老年人相互交流的活动平台，让他们相互探讨关于生命健康的意义，使其逐渐意识到要有尊严的生活好每一天。此外，还需要多鼓励老人积极参加户外交往、园艺种植、健身锻炼等活动，让他们感受到就算到了晚年生活，也能通过各种类型的户外活动来实现自我价值，以满足自己的自尊需求。

此外，虽然老人的反应力、记忆力均有一定程度的衰退，但他们的智力并没有明显的下降，所以，他们还可以通过学习一些有用的知识来不断提高自己的生存质量。老年群体自由闲暇的时间较多，如果可以将这些时间充分利用起来，就能减少老人内心的孤独感。对此，我们可以在适老化康复景观中增设信息类的小品设施，如植物科普牌、宣传栏等，为老人定期补充有价值的健康知识、生活知识和时政信息等内容。如此一来，这不仅降低了老人日常生活的枯燥感，还能促使老人用更加科学的方式进行康复与保健活动，进而使其求知需求和自尊需求得到充分满足。

二、提供满足老人归属感的活动场所

（一）为老人提供公共活动与交流场所

虽然在老人离职退休后，与社会之间产生了一定距离，但他们作为社会中的一分子，也渴望融入社会群体当中，得到社会和他人的尊重。这就是老年群体归属与爱的主要表现，他们十分希望他人可以接纳自己，同时也希望自己能融入社会的某个群体当中，参加其中的群体活动，从而得到他人的认可。由于老人退休或丧失生活自理能力，都会在一定程度上加剧他们对归属与爱的需求，所以，适老化康复景观的设计应为老人提供舒适、健康的老年公共活动场所，供他们进行交往、园艺种植等活动，使其相互之间互帮互助，形成良性循环。如此一来，老人就可以通过欣赏美景、从事简单的园艺活动、相互交流等方法，来渐渐缓解自身无聊、抑郁等消极情绪，以满足他们对爱与归属感的心理需求。

（二）增设或改造园艺种植活动区

在适老化康复景观中增设或改造园艺种植活动区，是满足老人自我实现需求的重要手段。所谓的自我实现，其实就是指人们的各种潜能和才能，能在相对适宜的社会环境中得到充分发挥，从而实现自己的理想和抱负。所以，自我实现更侧重人体身心潜能的充分发挥，这不仅是人追求未来最高成就的人格倾向性，同时也是人最高层次心理需求的体现。对于老年人而言，他们的个人理想和抱负并不见得是多么巨大的，可能是希望身体健康、生活幸福，也可能是希望为社会做一些力所能及的事情等。当老人完成某一部分自己的理想时，他们往往可以收获巨大的满足感和成就感，而这也会进一步促进他们的心理健康。因此，我们不妨在适老化康复景观中增设园艺种植活动区，或选用一块边角闲置空间进行改造，供老人种植一些农作物、花卉等。一方面，这能锻炼老人的身体，丰富他们的日常生活；而另一方面，这还可以让老人为环境绿化贡献自己的一份力量，从而满足自己的自我实现需求。

三、以老年人审美为中心设计景观环境

当老人对物质的需求得到基本满足以后，他们会尽力寻求精神层面的满足与享受，审美就是因此而产生的。审美是指人们对美的亲身体验和感受，具有主观性，它不仅能给人带来一定的愉悦感，还代表了人们对生活趣味和美的向往。物体的外在形态、色彩搭配、质感等，都能直接影响人们的审美体验，当这些物体能给人带来良好的审美喜悦之感时，该物体的审美功能就得到了有效发挥。

与年轻人一样，老年群体同样也有自己的审美需求。老年人的审美需求有一定的特殊性，当他们步入老年后，记忆力会渐渐衰退，在面对外界新鲜事物的刺激作用时，大部分的老人都存有一些"服老"的心理，所以表现不会像年轻人那样激动。而且，老年人还存在一定程度的"从众"心理，比较在意他人的眼光和想法。也许正是因为如此，部分老人的审美习惯和审美经验仍是以过去盛行的审美思想为主，对物体颜色、造型等方面的需求偏向保守，如中式古典园林的风格、布置富有传统美好寓意的景观元素等。此外，随着老年人的年龄增加，生活阅历越来越丰富，相较于年轻人，老人更喜欢富有内涵和文化底蕴的景观环境，所以可以在景观中融入禅的内涵、中国山水的意境等。

四、加强代际互助空间的景观设计

代际互助，主要是指家庭中，不同年龄段的家庭成员相互联系与交流互动。① 基于这一视角开展景观空间的规划设计，需要充分结合青年反哺与老年帮扶的理念，把握家庭层面中血缘代际之间的需求和互补性，

---

① 聚雨主编. 养老康复护理与管理 [M]. 上海：第二军医大学出版社，2012.06：88-90+96.

充分发挥青年特长，挖掘老年力量，从而以此来满足老年人的心理需求。

（一）老年人对代际互助空间的需求

1. 老人与子女同住的意愿强烈

对于绝大多数老年人来说，他们更需要在子女的陪同下外出活动、谈心交流，以此来慰藉自己的内心和精神。这是因为老人在离职退休后，并不能很好地实现自我角色和社会角色的转变，仍离不开家人的照顾和关怀。再加上老人的心理健康会随着年龄的增加、生理机能的衰退而受到影响，急需要亲情去温暖和陪伴他们，以增加老人的内心安全感。

2. 不同年龄层的老人生理需求不同

不同年龄段老人的需求存在一定差异。55～69岁的青老年人，刚刚从工作岗位上退休，身体状况比较好，对娱乐活动、健身活动等的需求较高。同时，他们也会为了减轻子女的负担和压力，主动分担一些力所能及的家务，并帮助子女照看下一代。70～79岁的中老年人，可能会因为自身的生理状况相对较好，并且第三代也不需要照看，所以希望在和子女同住的同时，也希望有相对独立的生活空间。80岁及以上的高龄老人，由于年龄偏大，身体状况逐年下降，更希望可以居家养老，渴望享受温馨的家庭氛围和后代的关怀照护。由此可见，在适老化康复景观中增设代际互助空间的重要性和必要性。

3. 渴望有与子代的交流空间

对于老年人而言，他们更希望有家人的陪同，所以，生活居住的空间不仅要适应老年人的需求，也要能够为其他年龄层的家庭成员共享，从而增加老人与家庭成员之间的互动交流。通过在康复景观中增设适老化的休闲、文娱等活动空间和服务设施，既可以增进老年群体之间的互动，促使他们参加更多有意义的活动，又能满足老人与家人的交流需求，从而大大增加了老人与亲人、朋友相处的欢乐时光。

（二）代际互助空间的景观设计

在户外活动频率较高的两大人群就是儿童和老年人，其次才是青年人。由于老人各项身体机能的逐年下降，儿童的心智发育还不够完全，所以，在设计代际互助空间时必须要考虑到老年群体和儿童群体的特征和实际需求，如此才能设计出促进代际互动和交往的空间场所。

1. 设计原则

（1）安全性

安全性既是代际互助空间最基本的设计原则，也是保障老人和儿童人身安全的核心设计思想。安全性，是指人们在使用和享受外部休闲空间或环境时，所具备的一种不用担心被绊倒、被袭击的特质，如步行道平整无坑洼、活动场地有良好的照明系统等。

安全性主要包括两个方面：一方面是社会安全性，另一方面是活动场地的安全性。社会安全性通常需要广泛的人群进行社会监督，如场地内外的人群、过路者、周边工作人员等，主要针对的是儿童群体。活动场地的安全性则针对的是老年人和儿童两大群体，强调道路铺装、公共设施、植被绿化等方面的安全设计。同时还包括机动车干扰的隔离与防护、水景边界防护、场地设施等的安全设计。由此可见，适老化康复景观的代际互助空间，必须要充分结合后期管理、人体工程学的内容，以安全性为基本原则进行设计，从而避免或消除活动空间的安全隐患。

（2）可达性

可达性，原本是城市交通规划的概念，并在规划设计领域有着极为广泛的应用。它能较好地反映出各空间的阻隔程度，当空间的阻隔程度越低时，可达性就越高。对于老年人而言，他们在选择去哪个户外空间活动时，首先考虑的问题就是距离。因此，康复景观代际互助空间的设计必须要保证老人、儿童、青年人等群体能够方便、快捷地达到并使用。如可通过设计坡道、扶手和无障碍设施来消除一些隐秘的空间阻隔，从

心理上给人一种距离很近的感觉。

（3）舒适性

舒适性，指人们在某一空间中娱乐休闲、与人交往时，身心可以得到放松，而且不会感到身体或精神上的不适，强调人们能够轻松享受休闲生活。适老化康复景观代际互助空间设计，就是为了保证老人和儿童能够在该空间内进行舒适、安逸的休闲活动。首先，要保证环境的安全，尽可能避免机动车、大型宠物等惊吓老人和儿童。其次，要保证设施的安全，尽可能选用老幼皆宜的休憩设施、健身器材和辅助设施（如垃圾箱、公共卫生间等）。最后，要保证景观绿化的安全，既要对植物群落进行合理搭配种植，也要避免种植一些有刺、有毒、容易分泌和飞絮的植物。

（4）复合性

由于景观空间的规模有限，将所有功能分区明确划分清楚的做法显然不够合理，所以，代际互助空间的设计应具有一定的复合性。譬如，可以将有些活动空间设置成儿童和老人均可活动的场地，或者是将两个场地设置成既有分割也有视线联系的场所。同时也要注意空间各元素的适老化设计，如配置不同形式的休憩设施、搭配多样化的植物种类、选用防滑缓冲的铺装材质等。这样一来，既能增加代际之间的情感交流，也能让活动空间的功能更加复合化，从而更好地满足儿童和老年人的需求。

2. 设计策略

（1）空间布局应均衡、可达，促进代际会面

① 组团规模要保证均衡。首先，规模要适宜。适宜的规模能增加多代居民的熟悉度，从而更好地实现邻里交往和代际互助。一般可采用内部组团的方式进行划分，将整个景观空间分成小规模的组团空间，既方便建立代际群体的信任感和归属感，也能对人口规模进行合理控制，从

而为代际互助空间的建设提供良好的环境导向。其次，居住单元布局密度要适宜。过于密集或者是过于稀疏的布局密度都不能很好地促进人们发生代际互助行为，因为过于分散容易降低人们的交往互助频率，而过于密集也会渐渐打消人们互助的欲望。可见，只有密度适中的低层高密度和多层高密度社区，才能更好地刺激和支持居民步行，进而形成代际互助空间。最后，居住单元布局形式要采用围合式布局。围合式的空间布局形式容易给人们带来强烈的归属感，有利于促进良好邻里代际关系的建立，进而形成代际互助空间。这类空间具有半公共半私密性的特点，会从心理上让人们形成一种无意识的集体归属感，给人一种安全稳定的感觉。而且，尺度适宜的代际互助空间有利于促进多代人彼此熟识，并建立亲密关系，从而让多代居民相互之间的认知与交往成为可能。

② 路网架构要合理易达。在适老化康复景观中，道路系统就相当于人体的血液循环系统，有一定的引导作用。道路系统的设计不仅影响着多代居民的户外出行和安全，还能引导人们前往代际互助空间参加代际活动。

a. 确保道路的连续性。对于老年人而言，连续性的道路能较好地增加他们的步行行为，尤其是两端均为十字路口的步行路段，更容易增加老人的出行可能，使其在可步行的范围内创造更多潜在的目的地。与之相比，大部分老人很少会去三岔路口、死胡同等较多的区域，所以景观的设计还要考虑到这一点。另外，需要注意的是，道路系统的设计切不可出现步行道缺失、人行道缘石坡道缺失等问题，否则不仅不利于老年人的安全出行，也会大大降低他们的外出欲望。

b. 以点带线串面提升代际互助空间的易达性。道路系统（线）应将各个要素和代际设施等（点）成功串联起来，将代际互助活动空间放置在人流量较大的区域，如道路交叉口等，方便人们发现和到达，如图5-1。

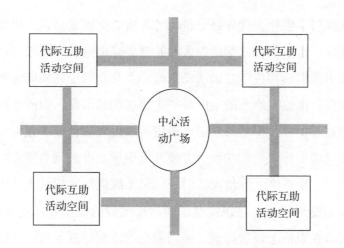

图 5-1　步行道路系统的连通示意图

此外，在适老化康复景观中，代际互助空间应以老人步行疲劳的极限（大约 500m）为半径，设置代际互助空间并配有相应齐全的服务设施，尽可能保证空间服务区域能覆盖全景观，如图 5-2。

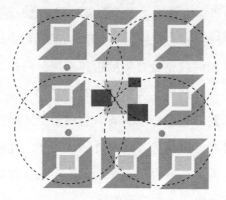

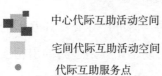　中心代际互助活动空间

　　宅间代际互助活动空间

　　代际互助服务点

图 5-2　代际互助空间的布局图

c. 视线引导强化多代寻路定位能力。适老化康复景观中应建立完善的导视系统，这不仅可以帮助老人和儿童更好地定位，还能通过引导标识系统指引他们前往代际互助活动空间。尤其是对于感知能力变差的老年群体来说，他们很难在陌生的环境中快速找到出路，因此导视系统的设置尤为重要，并且全龄通用。一般可通过设置彩色的卡通标识，并用拼音标注可增加标识的趣味性，方便儿童识别。考虑到老年人的视力变差、不识字、轮椅老人等情况，引导标识系统应该选用较大的字体，并配有相关的图形示意，且视线范围和高度范围的设置要以适老化为主。或者还可以在地面上设置标识，使用彩色的地面导视系统，方便老人和儿童使用。至于导视系统的材料，应避免使用易反光的材料，指示文字和图形的色彩设置要与背景色形成鲜明对比。此外，为了让老人对景观空间有整体性的认知，还可以利用景观布局图为他们提供更多信息，并重点标记出代际互助活动空间的各个位置，方便老人寻路和定位。

（2）空间设施应通用、安全，满足代际共享需求

① 建立慢性交通系统保障代际共用。任何人在出入某个活动场所时，大概率使用的就是景观中的道路系统，所以，道路系统是发生代际互助行为的潜在场所，尤为重要。对于老年人而言，他们的步行过程和行为会受到道路布置的影响，有时会停留下来旁观他人活动，有时也会参加休闲、社交、健身等各类户外活动当中。此时，就极有可能发生代际互助行为。因此，确保道路系统的安全性、便捷性、舒适性是促进代际交往和互助行为的一大必要前提。

a. 人车并行道路要合理布局。促进代际交往和互助的基本前提就是要保证多代居民能在户外安全活动，尤其是道路的出行安全。针对人车并行道路系统的整体布局，应注意采取一定措施来控制车速。

一方面，街道宽度要更加人性化，适当增加人行区域。同时，还要引入物理障碍和视觉引导，如设置减速带、缩小转弯半径、利用不同颜

色或材质进行路面划分等，以此来提醒驾驶人员缓慢、谨慎驾驶，从而减少发生交通事故的可能性。另一方面，要在人行横道中设置明显、清晰的标识系统，在较宽的道路中设置休息平台，方便儿童和体力较差的老年人进行短暂休息。

b. 保障步行道路的安全性。除了人车并行道路系统要合理布局以外，还要提升对步行道路的安全性。道路的设置要平坦，倘若因地形的限制必须要有一些坡度设计，就要增设扶手、坡道等无障碍设施，最大限度地保障老年群体的安全。道路的铺装应尽可能完好、光洁，减少老人和儿童群体倒受伤发生的可能。此外，要注意对道路系统的定期检查和修理，尤其是在寒冷的冬天，积雪的及时清理与道路的维护，能为人们的出行创造更安全的出行条件。

② 强化代际互助空间界面的透明度。强化代际互助空间界面的透明度，能提高人们的自然监视性。"自然监视性"这一概念来自环境设计预防犯罪理论，主要指通过增加行为的可见性，来增加犯罪者实施犯罪行为的心理压力，或提升意外状况被发现的概率。当代际互助空间能够得到一定程度的"监视"时，在这里活动的人们往往会感到更安全，从而更倾向于发生代际互助和交往的行为。

在适老化康复景观中，代际互助空间具有开放性，可通过采取一定措施来增加其可见度。如在活动的场地周围预留出一些商铺空间，用来吸引更多人气，让老人和儿童对自己所处的空间环境感到更安全，进而发生交往与互助行为。在空间划分时，切不可将代际互助空间设置在视线不可穿透的材料或丛林当中，可通过栅栏、低矮灌木丛等要素围合成透明度较高的界面，方便老人和儿童在活动时可以得到外界的良好监控。

（3）空间环境应健康、积极，加强代际归属感

① 设置柔性、清晰的边界，强化领域感。在适老化康复景观中，在开放度不同的空间之间建立柔性、清晰的边界，能大大提升老人的归属

感，进而发生代际互助和交往行为。

一方面，要建立清晰的边界。一般可利用建筑布局来创造公共空间的边界。社区组团采用围合式布局，能自然形成一种具有包容感的活动空间，让人产生一种领域感意识和对社区的责任感，而这是代际互助行为发生的重要前提。譬如，可在道路设计时，应保证道路两侧建筑立面的连续性，使其形成比较连贯的道路空间。而对于围合边界不够明确的行列式社区布局，则要通过创造界面来为人们提供围合空间，以避免公共活动空间均质化。

另一方面，要建立柔性可渗透的边界，避免因空间过于封闭，阻碍人们的视线交流。虽然有些空间会通过实墙、栅栏等与其他空间隔离开来，但这种界面过于生硬，容易影响景观的代际和谐。对此，我们应充分利用边界具有可渗透性和柔性的特点，以此来增加边界两侧各个空间的视觉联系和路径联系（如图5-3）。

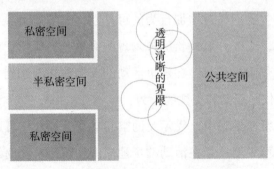

图5-3 代际互助空间透明清晰边界的建立

这种空间分隔方式，能帮助老人较好地区分公共空间、半私密活动空间，让他们对景观环境产生更深刻的归属感，有利于促进老人和儿童代际互助和交往行为的发生，并且还不会阻挡人们的视线交流。

② 丰富代际互助空间界面，促进代际交往互助。① 界面是活动空间的重要构成部分，打造多代识别性和交互性的空间界面，有利于促进老人和儿童的代际互助与交往行为。

a. 增强空间界面的多代识别性。代际互助空间界面具有多代识别性，能较好地吸引各个年龄层的人群进入活动。一方面，围合界面的材料会影响空间的多代识别性，可采用复合立面或立面绿化的方式，增加空间的趣味性；并通过增设构筑物、檐廊等增加界面的丰富性，从而更好地吸引老人和儿童的注意力。另一方面，界面的色彩和标识也会影响空间的多代识别性，可使用色彩鲜艳的地面铺装和图案来吸引人们的视线，或者设置相关的指示要素来引导人们进入该空间中活动，进而产生代际交往和互助行为。

b. 增强空间的多代互动性。② 利用数字化交互技术增强公共空间界面的多代互动性，促进人们的代际互助行为。数字界面是一种新型的环境媒介，在过去，数字界面大多安置在了建筑立面上，用于广告的播放。而随着现代技术的发展，数字界面可以利用光线、颜色等对周围环境产生影响，为人们提供了丰富的游戏互动项目，有利于增加代际互动发生的几率。此外，还可以通过利用互动性较强的空间界面材料，来增加多代互动性。如景观设计师米歇尔·高哈汝所设计的水镜广场，能从多个角度折射出活动场所的倒影，给人一种如同仙境的朦胧感。到了夏天，孩子喜欢在这里一边享受美景，一边嬉戏打闹，而老人可以在视线范围内照看孩子的同时，与他人交往，大大促进了人们相互之间的代际互动。

---

① 伍后胜，陈孔斌主编. 疗养康复手册[M]. 杭州：浙江科学技术出版社，1993.11：64+70-73.

② 伍后胜，陈孔斌主编. 疗养康复手册[M]. 杭州：浙江科学技术出版社，1993.11：64+70-73.

（4）空间功能应多元、复合，促进代际互助

① 容纳多元活动，满足各代需求。首先，要建立三代复合场地。所谓的三代复合场地主要是指能够满足多代人需求的空间设施，每个模块能基本满足一代人的需求，通过设置多个模块来同时满足多代人的使用需求。这些模块既包括共享空间，也包括每代人的专属独立空间，这种空间功能的划分方式能让人们的代际互助行为形成一个良性循环，从而构建出共享且相对独立的代际互助空间（如图5-4）。

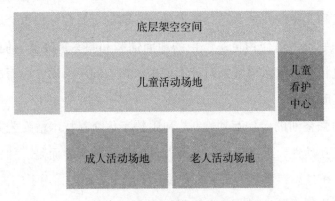

图5-4　代际互助空间的功能划分

各活动场地要建立良好的联系，促进代际互助行为的发生。不同的功能场地要有良好的视觉联系和路径联系，方便人们看到其他年龄层所参与的活动，并能无障碍地、便捷地达到各个活动场地。因此，可在不同活动空间之间建立透明的边界阻隔，通过形式、色彩、材料铺装等的衔接变化，来划分场地。最后，要在代际互助空间中增设观察区域，并放置数量充足的座椅设施，以满足不同年龄层的人群使用需求。尤其是要考虑到老年人和儿童的身体尺度，尽可能吸引各代群体到该空间区域中来，从而为代际之间发生互助交往行为提供一定的平台和机会。

② 代际互助空间边缘弹性化，促进互助匹配。在代际互助空间中增设各种服务设施和生活设施，能大大促进多代居民的相互交流与互动。

a. 代际互助空间相邻复合布置。在适老化康复景观中，医疗卫生、教育、社区服务等公共服务设施有一定的可复合性，将这些设施的功能进行拆解和提取，能构建具有代际指向性的互助空间。比较常见的就是将老年活动区和儿童活动区并置，或者将两者的部分空间拿出来共用，增加居民的代际互助机会，从而形成复合型的代际互助交往空间。

b. 增设专属代际互助共享场所。代际互助共享场所主要指多代人群共同接受服务和参与活动的空间场所，通过正式或非正式的代际交往和互助活动来实现多代交互。这种空间建设模式强调多代人的共同使用，可在景观中增设公共用房、娱乐室等特定功能的共享空间，促使多代居民之间相互交往，能有效防止年龄隔离和社会隔离的发生。此外，我们还可以在景观中专门建立代际学习和活动中心，促进各代居民的自我认知。在代际中心里，老年人和儿童可以一同学习厨艺，而新晋父母可以参加育儿班，并与年长的父母辈相互交流育儿经验。如此一来，整个康复景观的代际互助性能就可以得到明显提高。

第二节　以满足老年人的生理需求为基础设计

通过对老年人生理特点及需求的阐述，我们对老年人各个生理系统的特点及常见疾病有了一定了解。对此，本书从适老化康复景观设计理念出发，结合适合老年人康复疗养的相关理论，针对老年人对景观康复性设计的生理需求总结出相应策略，旨在更好地满足老年人的生理需求与康复需求。

一、提供适合老人活动的体验场所

随着年龄的增加，老年人的感知系统逐渐衰退，景观环境需要根据老人的生理特点和需求来进行针对性设计，为他们提供适宜的五感体验场所，以满足老人户外活动的基本需求。

首先，是对老人视觉体验的关怀，主要体现在两方面。一方面，由于老人的晶状体变薄，对事物的辨识度明显下降，所以在设计道路系统时，应尽量减少地面上阴影部分和光亮部分的极端反差感。譬如，乔木类植物投射在地面上的阴影部分，会给人一种"视错觉"，容易被误认为是层级的变化，从而影响人的情绪稳定性。而且，当人们试图跨过这种层级变化时，也容易发生摔倒等意外事故，所以景观道路系统的设计要以关怀老人视觉体验为主。另一方面，由于老人并不能较好地识别出蓝色、紫色等冷色系的颜色，在选择景观设施和植物配置的颜色时，应尽可能选用红色、黄色、橙色等暖色系的颜色，以带给老人更好的视觉体验。

其次，是对老人嗅觉体验的关怀。一般可通过利用各种芳香植物，来营造具有芳香治疗功能的景观环境，这不仅是为了唤起老人的回忆，同时也是为了给老人的康复与疗养带来辅助治疗作用。

然后，是对老人听觉体验的关怀。通常可通过种植植物等对周围噪声进行阻隔，以减少外界噪声和其他活动对老人活动的干扰。不少老人在交流时很难听清楚别人说的内容，如果他们能看到对方，往往更容易理解对方讲话的内容。所以，在布置休憩座椅时，其角度的选择要尽量合适，距离应尽量靠近，或者彼此相对，以带给老人良好的听觉体验。

最后，是对老人触觉与味觉体验的关怀。随着年龄的不断增加，老人的触觉功能和味觉功能均有一定程度的衰退，主要表现为对物体的表面质感与肌理感知比较模糊，对细腻味道的品味感逐渐丧失，总体给人一种朴素的平实感。因此，在适老化康复景观的设计中，可通过活动场地、植物群落等元素来给予老人的触觉与味觉以良性刺激。如为老人提供园艺种植活动场所，鼓励老人种植一些薄荷等植物，并将其揉捏、咀嚼，既能有效缓解老人触觉与味觉的衰退速度，还能给他们带来特殊的景观体验。

二、优化景观环境的"亲生性"

优化景观环境的亲生性，能有效减缓老年人中枢神经系统的衰退程度，尤其是能较好地保障记忆力变差、睡眠障碍、阿尔茨海默病患者等老年群体户外活动的安全。

（一）记忆力变差的老年群体

老年人由于脑萎缩，记忆力会呈现逐年衰退的趋势。在面对抽象复杂、富有神秘感的空间时，可能这对于普通年轻人来说既有趣，又有挑战性。但对于老年人而言，他们很有可能会出现晕头转向、找不到出口的情况，从而容易引起老人的焦虑感，最终无法收获良好的康复效果。因此，适老化康复景观中活动场所需要富有亲生性，尽可能保证空间是清晰明了的敞开式布局，并在相对复杂的道路交叉口设置清晰明了的路标，方便老人寻找和定位。

此外，与普通年轻人相比，老年人的神经系统明显变得更脆弱，环境适应能力变差，所以，他们对环境变化的敏感度有更高要求。这就需要康复景观能为老人提供舒适宜人的自然环境，并加强对温度、微气候的细节控制，为老人营造绿色健康、亲生性强的户外活动环境。

（二）患有睡眠障碍的老年群体

睡眠障碍普遍存在于老年人群当中。对改善老人睡眠障碍的康复医学提出建议：白天适当运动，与大自然接触进行日光浴疗法，能通过绿色植物和光照来调节人体的大脑功能，平衡人们睡眠与觉醒的昼夜规律，进而达到改善睡眠质量的目的。在适老化康复景观中融入亲生性设计，构建绿色、开放式的活动空间，能促进老人有计划、有组织地进行晨练、跳广场舞等活动，有利于提高他们参与户外活动的积极性，收获良好的康复效果。

（三）阿尔茨海默病患者

阿尔茨海默病患者的功能缺陷会随着疾病的发展逐渐加重，不可逆转，直至患者完全丧失生活自理的能力。患有该疾病的老年人在中早期，仍有一定的生活自理能力，可通过与大自然的接触，来达到改善患者症状和生活质量的目的。在适老化康复景观中融入亲生性的设计原理，为老人提供近距离接触阳光和新鲜空气的机会，引导他们进行康复锻炼和社会交往等活动，能对疾病的改善产生积极的促进作用。同时，还可以为老人提供熟悉且可参与的户外活动，如园艺种植、给小动物喂食等。如此一来，患者就可以在亲生性的空间环境中利用仅存的力量，锻炼自己的身体，尽可能使自己的能力不再退化，从而减少焦躁情绪和攻击行为的发生，使其获得更好的睡眠。

三、保证道路出行的通畅性

随着年龄的不断增加，老人的肌肉骨骼系统会逐渐萎缩，景观的道路及设施设计必须要以老年人的身体模型为参考进行设计，以确保老人的出行和康复活动能无障碍进行。

结合老年人的身高降低比率，能计算出符合老年人人体工学各种设施的标准尺寸，并以此为参考来进行康复景观设计。在老年人群当中，女性占比较高，所以在选择老年人体模型时，更多的会参照老年女性的模型尺寸来设计。对于老年人而言，应变能力变差、肌肉萎缩、力量降低、容易疲劳等各种衰老迹象，都在表明他们对道路空间的无障碍设计有更高的要求。一方面，为保证轮椅老人和普通老人能够无障碍出行，在存有高差变化的阶梯处要设有无障碍设施。另一方面，道路的铺装应尽量平整、规则、防滑且不易反光，不仅要保证道路绝对安全，同时也要让老人感到安全，避免老人因感觉容易出现危险的心理而限制他们的康复运动。同时，也要注意在道路系统和康复运动场所中增设休息座椅，保证老人能及时恢复体力。

此外，适当的户外锻炼和有氧运动能帮助老人增加骨质密度，对预防和治疗骨质疏松疾病有着重要的辅助作用。所以，在适老化康复景观中，园艺种植、健身、太极、竞走等活动，都能对轻度和中度老年骨质疏松患者产生一定的改善作用。而由于这类患者不容易进行弯腰、下蹲等动作，所以还需要采取一定措施来辅助老人。一方面，可通过设置多种不同高度的园艺种植平台，方便骨质疏松老年患者和轮椅老人进行园艺操作，为他们的行走和活动提供良好的户外空间。另一方面，则是对道路系统的设计，既要在整个或部分道路中沿途设置防滑扶手，帮助老人进行身体平衡的康复训练，也要在有台阶的地方增设扶手，避免老人跌倒骨折。

四、建立老人疾病康复场所

（一）建立改善老人心脑血管疾病的康复场所

老年人的心跳频率变慢、心肌纤维逐渐萎缩，这使得他们的身体极容易产生疲劳感。为了保证老人有足够的信心走出户外并参与各项活动，每个活动区域和道路周边都应该设有足够数量的休憩座椅，避免老人因担心没有地方休息而不敢出门。当老人心脏供血不足时，会出现心律不齐、心绞痛等症状，他们的活动也会受到限制，不宜进行一些剧烈运动，只能参加一些中低强度的锻炼活动，如散步、健身操等。因此，适老化康复景观中应布置相应活动需要的康复场所。

由于老人的体敏性变差，心脑血管疾病的临床表现症状并不多，这对疾病的诊断带来了很多困难。所以，该疾病的预防极为重要，只有防治结合、康复辅助，才能更好地保证老人身体健康，而建立相应的老人健康活动场所不失为一种有效方法。在康复场所中，老人和家人都能及时掌握老人的身体状态，预测疾病的发展趋势并提前预防和治疗，同时还能对广大老年群体宣传健康教育、科学防护、预防保健和康复指导等方面的知识，有利于更全面地保障老人身体健康。另外，适当的运动确实能起到很好的保健、预防作用，但过少或过多的运动不仅不能对老人的身体康复产生比较明显的效果，甚至还会带来一定的负面影响。此时，就需要康复场所能够为老人提供更加科学的康复运动计划，保证老人在科学的指导下运动身心，预防血栓形成，并避免因不良运动对老年患者带来不利的影响。

通常情况下，脑卒中疾病在发病数小时甚至几分钟就能对人体的脑组织产生巨大损伤。随着时间的推移，患者的功能会有一定恢复，一般是以发病后近期的恢复力较快，远期则功能趋于稳定。所以，老人在脑卒中疾病发病的初期阶段，就需要依靠辅助设备进行步态、坐态等身体基础技能的恢复。在适老化康复景观中设置相关的康复训练设备，如步态训练设备、扶手、座位平衡设施等，让老人能在自然环境中进行康复训练，使其更加积极地参与康复运动。

（二）为代谢系统障碍的老人提供运动疗法的康复场所

与普通年轻人相比，老年人的新陈代谢明显变慢，消化、排汗等身体各项机能也在逐渐衰退。适当的运动锻炼能较好地提升老人新陈代谢的效率，在适老化康复景观中为老人提供运动疗法的康复场所和运动设施，能引导并促进老人的运动锻炼，从而改善他们的代谢问题。

首先，对于糖尿病老年患者，每天的有氧运动必不可少。适量和持续规律的运动是老人身体康复的关键因素，有利于改善患者胰岛素敏感性，控制血糖。糖尿病老年患者可参与的体育锻炼项目有很多，如散步、打太极拳等，在康复景观中为老人提供绿色健康的活动场所，能较好地吸引老人视线，使其走进该场所并进行持续规律的康复运动。其次，对于患有高血压的老年患者，他们的运动康复应遵循"动静结合、以静为主"的原则，参加一些运动量小、节奏慢的锻炼项目，如步行、太极拳、园艺种植等。其中，芳香疗法能很好地帮助老人控制血压。在康复景观中设置园艺活动项目，能让老人近距离接触植物，感受植物的质感和芳香，从而改善老人血压异常的症状。最后，由于老人基础代谢降低，劳动强度和能量消耗也在逐渐减少，慢慢地就容易形成肥胖症。对于轻中度肥胖的老年人而言，他们可以参加慢跑、竞走、广场舞等中强度的运动活动，而对于重度肥胖的老年人而言，就可以进行一些运动量较小的活动，如散步、健身操等。此时，康复景观就要充分考虑到不同老年人的身体状态和活动需求，为老人提供相应的运动康复场所和多样化的活动设施，以满足不同状态老年人的康复运动需求。

（三）提供物理因子疗法的康复场所，增强老人免疫系统

老年人的身体免疫系统会随着年龄的增长而逐渐衰退，对外界环境变化的适应能力也会逐年减弱，这就使得环境中的某些因素尤其是温差在发生变化时，老人的身体就容易产生不适，甚至还会引发一系列身体疾病。而充足的阳光日照能加强老年人的身体免疫力，所以，在适老化康复景观中应设有开敞、通风、阳光充裕的康复场所，方便老人进行充足的阳光浴疗法。这不仅能增强老人的身体免疫系统，还能大大降低老人相互间细菌传染的可能性，避免疾病在多人之间传染。

此外，在建立可提供物理因子疗法的康复场所时，要注意植物的选择和搭配。老人免疫系统的逐渐衰退，使得他们对感染疾病的抵抗能力变弱，容易受到感染并成为病菌携带者，进而传染给其他老人。所以，康复场所既要保证空气流通、阳光充足，也要选用松柏等有一定杀菌效果的植物，减少病菌的传播与扩散。而对于患有癌症的老人而言，他们在经历化疗、放射等治疗后，心理和生理都非常脆弱，并且常伴有焦虑、抑郁等症

状。此时，就需要康复景观能为老人提供相对安静、有一定私密性的自然环境，避免种植有强烈气味的植物。在这里，老人能够听到微风吹过树叶的沙沙声、潺潺流水声，帮助他们进行冥想，让他们祈祷和倾诉，使其身心得到放松，从而帮助老人树立抗癌成功、延续生命的信心。

第三节　以满足老年人的行为活动需求为基础设计

通过对老年人行为活动特点及需求的阐述，我们对老人需求与行为活动之间的关系有了一定了解（如图5-5）。对此，本书从适老化康复景观设计理念出发，结合适合老年人康复疗养的相关理论，针对老年人对景观康复性设计的行为活动需求总结出相应策略，旨在更好地满足老年人的活动需求与康复需求。

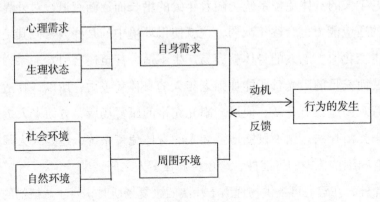

图 5-5　老人需求与行为活动的关系

一、围绕老人的行为特征设计

随着年龄的不断增长，老年人的行为特征主要表现出聚集性、时域性和地域性等特点。从这一层面来看，适老化康复景观的设计更侧重各个元素的设计，具体分析如下：

（一）聚集性特征分析及康复景观设计策略

1. 聚集性行为特征

聚集性行为的发生大多是由于人们的年龄相近、文化水平相似、兴趣喜好相同等原因，聚集在一起进行闲谈、锻炼、跳广场舞、打牌、下棋等活动。当老年人离职退休后，他们往往有更强烈的欲望想要不断扩大自己的人际关系，从而证明并实现自我社会价值。

2. 适老化康复景观的设计对策

从老年人聚集性行为特征来分析，适老化康复景观的设计对策应从以下几个方面来考虑：

（1）户外活动空间

对于老年人而言，他们更容易被一些具有私密性的空间所吸引，以满足自身对环境的私密性需求。所以，我们可以沿着道路两侧利用植物或其他设施围合成半私密休闲娱乐空间、健身空间和观赏空间等，吸引更多老人来此休闲和活动，以促进老年群体的相互交往和互动。此外，考虑到有些老人比较喜欢热闹的活动场所，有些老人更愿意自己安静地坐着休息。所以，在适老化康复景观中，也要设有私密性较强和开放性的活动空间，以满足不同老年人的交往需求与活动需求。

（2）景观小品

在适老化康复景观中增设喷泉、艺术雕塑等景观小品，能很好地吸引老人目光，使其驻足停留，有利于促进老年群体聚集性行为的发生，从而满足他们的交往需求。

（3）景观设施

景观设施的服务质量直接影响着老年人参加户外活动的积极性。舒适且多样化的休憩设施、娱乐设施、健身设施等服务设施能更好地满足不同老年群体的活动需求，所以，适老化康复景观的设施服务不仅要种类多样，还要尽可能保证老人在使用时的安全性和舒适性。

（二）时域性特征分析及康复景观设计策略

1.时域性行为特征

时域性行为特征的发生容易受到天气、时间、气候等因素的影响，且会随之改变。所以，当天气和季节不同时，老人的活动方式和活动地点会有所不同，甚至在同一天的不同时间段内，他们的活动内容、活动方式等也有一定差异。

2.适老化康复景观的设计对策

从时域性行为特征来分析，老人的行为活动易受到天气、季节等变化的影响，所以，适老化康复景观的设计对策也要从天气变化、季节变化两个方面来考虑：

（1）天气变化

考虑到天气和气候的变化具有突然性和快速性等特点，但是老年人的行动比较迟缓、反应能力较差，所以可在适老化康复景观中增设风雨连廊、休息亭等有一定遮蔽效果的空间场所。这不仅可以为老人的户外出行提供便利，还能较好地缓解老人因天气突然变化而产生的焦虑情绪，从而给他们带来良好的户外活动体验。

（2）季节变化

康复景观除了要种植一些常绿型植物和色彩型植物，还要合理搭配种植一些季节性的植物，使老人的视觉、听觉、触觉等感官体验随着四季的变化而改变。这不仅可以有效避免老人因季节变化而降低外出活动的意愿，还能使其收获不同的感官体验，有利于进一步提高老人对景观环境的认同感。

（三）地域性特征分析及康复景观设计策略

1.地域性行为特征

所谓的地域性行为特征，其实就是指老人会因为自己的行为习惯到特定的区域进行活动。通常情况下，他们更倾向于选择自己比较熟悉的步行道路和路线，来达到自己所熟知的活动场地，能较好地满足老人对空间环境的归属感需求。

2.适老化康复景观的设计对策

（1）道路铺装设计

从老年人地域性行为特征来看，他们更容易去自己熟悉的活动场地，走自己熟悉的步行路线。所以，适老化康复景观中步行道路系统的设计必须要清晰明确，方便老人识别和记忆。

（2）照明与标识设计

适老化康复景观中标识系统的设计应与周围环境和构筑物风格保持一致，标识牌的颜色选择、字体选用、图标设计等，都要以老年人的特征及活动需求为主，尽可能简洁易懂，方便老人辨识和记忆。至于照明系统的设计要在保证基本照明功能的基础上，尽可能隐蔽，可利用植物、半透明灯罩等进行遮挡，避免因灯光直射给老人带来不舒适的视觉感受。

二、围绕老人的活动形式设计

老年人的活动形式主要包括个体形式、成组形式（规模较小）和群体形式（规模较大）。从这一层面来看，适老化康复景观的设计更侧重户外活动空间的设计，具体分析如下：

（一）个体形式及康复景观设计策略

1.个体形式

随着年龄、身体状况等因素的不断变化，有些老人喜欢自己安静地待在一个地方或角落晒太阳、静心冥想，并且希望这个空间能不被人打扰，以满足自己所需要的环境安全感。由此可见，在适老化康复景观中，个体私密性的户外空间设计尤为必要。

2.适老化康复景观的设计对策

（1）私密性

在适老化康复景观中，个体使用的户外活动空间设计不需要太大，但要注意保证活动空间的私密性和防卫性，可利用植物、亭子等形成围合空间，以保证老人在进行晒太阳、静心冥想等休憩活动时不被外界环境所打扰。

（2）舒适性

由于供老人个体使用的活动空间有较强的私密性，通常按照适合老年人活动的身体各项参数来设计尺度大小即可，空间相对较小，所以他们往往会对空间环境的舒适性有更高要求。可通过植物的合理搭配来调节该空间区域的微气候，从而为老人提供一个夏天能遮荫纳凉、冬天可以晒太阳的好去处。

（二）成组形式及康复景观设计策略

1.成组形式

成组形式的老年活动规模较小，是由若干个个体共同参与的某项集体性活动，像三五个人聚在一起聊天、打牌、健身锻炼等，都属于这种小规模的活动交往形式。而这类形式的活动空间属于半私密性交往空间，能满足老人多样化的活动需求和交往需求，深受老年群体的喜爱。

2.适老化康复景观的设计对策

（1）多样化的空间形式

成组形式所包含的活动类型比较多，既有休闲娱乐的聊天、打牌等活动，也有健身锻炼的运动项目，所以，这也就决定了该活动空间的形式也要尽可能多样化。譬如，可将这类活动空间设置在景观的绿地处、建筑物的 U 字形场地或者是直角场地等位置，并增设各种健身、休闲娱乐等设施，供老人休憩、娱乐和健身锻炼。

（2）适宜的空间尺度大小

该活动空间的大小设计应以老年人的人体特征为基础，参考各项数据来确定各类设施的尺寸，以此来达到弥补老人自身身体缺陷的目的。

（三）群体形式及康复景观设计策略

1. 群体形式

群体形式的老人活动一般都会选择开放性较强的空间，如中心广场、绿地空间、运动场所等，老人可以在这里进行跳广场舞、打太极拳等健身和休闲娱乐活动。这种形式大多是由多个成组形式的老年人群共同构成的，相互之间既可以分离，也可以融合，这不仅能充分满足他们的社会交往需求，还能让人与人之间的交流存在更多可能性和多变性，有利于帮助老人进一步扩大交际圈。这种形式的活动为老人提供了更多交谈、健身和娱乐的机会，既能缓解老人内心的孤独感，又能增强老人对周围环境的归属感，从而大大提升他们对户外环境的满意度。

2. 适老化康复景观的设计对策

（1）设置多种类型的群体交往空间

多样化的群体交往空间，更能吸引老人走到室外并参与户外活动。可根据景观的规模大小、地形地势等，合理设置多种类型的活动空间，如中心活动广场、绿地空间、运动健身场地等，以满足老人群体交往的活动需求。

（2）组织开展集体性的交往活动

群体形式的活动内容有很多，可在开放性的空间中组织老人参加一些比赛活动，如广场舞比赛、唱歌比赛、书法比赛等。这不仅可以让有相同兴趣爱好的老人相互结识，还能大大促进人与人之间的交流，从而进一步丰富他们的晚年生活。

（3）提供园艺种植区

在条件允许的情况下，将景观中的部分公共用地划分出来当作园艺种植区，或者是对那些边角闲置空间进行改造，为老人提供一起种植、采摘植物或农作物的平台。如此一来，老人们既能感受到实现自我价值的成就感，也能增加与他人交流的机会，更有利于提高户外空间的利用率。

三、围绕老人的活动内容设计

老年人的户外活动可分为三种：自发性活动、必要性活动和社会性活动。其中，社会性活动和自发性活动有明显的随机性和偶然性，必要性活动则是相对固定的。基于这三种活动类型，可对适老化康复景观的设计策略进行如下总结：

（一）自发性活动及康复景观设计策略

1. 自发性活动

自发性活动是指，如果时间、环境、地点、自身因素等内在和外在条件都比较合适的时候，老人自主选择是否参加的活动内容。如在户外散步、锻炼、晒太阳、发呆等行为。出现这类行为模式的情况相对较多，排除老人的个人主观意愿，如果我们可以在客观环境中为老人提供更多合适的外在条件和场地，就能更好地吸引和鼓励老人参与户外活动。

2. 适老化康复景观的设计对策

良好的户外活动环境能提高老人参与自发性活动的积极性。一方面，康复景观要为老人提供丰富的户外公共活动空间，并增设娱乐、健身、休憩等各种服务设施，激发老人自发活动的欲望。另一方面，康复景观中要种植丰富的植物，并通过合理搭配，将植物对人体的治疗功效充分发挥出来，吸引老人走到室外并自发进行冥想、散步、锻炼等活动。

（二）必要性活动及康复景观设计策略

1. 必要性活动

必要性活动是指，对于老年人而言或多或少都要参与的活动。如购物、就医、等车等人等。这类活动不容易受到外部环境因素的影响，因为这些活动都是必要的，在任何条件下都会发生，并且这些行为大多与老人的步行有密切关联。因此，老年人在进行必要性活动时，所处的环境应该是尽可能不会受季节等环境因素变化的影响，保证老人的活动在大多数情况下能正常进行。

2. 适老化康复景观的设计对策

（1）优化步行道路系统

步行，不仅是老人进行户外活动的重要项目，更是老人常用的一种出行方式，步行道路系统的优化能大大促进老人对必要性活动的参与欲望。对于老年人而言，他们更倾向于走路径清晰、通向明确的道路。所以，景观步行道路系统的设计必须要简洁明了、舒适安全，以保证老人的安全出行。

（2）增设风雨连廊设计

当老人在面对天气的突然变化时，容易慌乱，出现焦虑、烦躁等消极情绪，所以在天气不好的时候，很多老人都会选择尽量减少必要性活动。此时，我们可以在条件允许的情况下，在康复景观中增设风雨连廊，为老人提供可以休息和遮风蔽雨的地方，以保证老人能够正常进行必要性活动。需要注意的是，在设计风雨连廊的过程中，要注意坡道和台阶的无障碍设计，也要加强路面铺装设计的防滑、防水处理，尽可能为老人提供安全的活动场所。

（3）强化标识系统

清晰明了的标识系统能帮助老人准确定位、找到出口，避免老人因迷失方向而产生焦虑、急躁等不良情绪。一方面，标识系统的位置设置在老年人日常活动或出入频繁的场所，如道路交叉口等，且要保证标识系统的完整性和连续性。另一方面，标识字体和标识牌要注意大小适宜的尺寸，材质也要选用无反光的材料，以带给老人良好的视觉和出行体验。

（三）社会性活动及康复景观设计策略

1. 社会性活动

社会性活动是指，在公共空间中，依赖于他人参与的各种活动，如老人之间相互打招呼、交流、参加各类公共活动等。这类活动更多的是基于自发性活动和必要性活动的连锁性活动，所以也被称为"连锁性活动"。因此，从某种程度来看，对户外活动空间的自发性活动场所和必要性活动场所进行改善，能为老人的社会性活动提供有利的空间，同时还能间接帮助老人恢复身心健康。

2. 适老化康复景观的设计对策

由于社会性活动与自发性活动、必要性活动有着密切的关联，且该活动是在上述两种活动的基础上发展而来的。所以，当户外环境品质较好时，老人的自发性活动和必要性活动都会有所增加，此时，老人进行社会性活动的概率自然也会大大增加。由此可见，想要促进老人参与社会性活动，还需要不断改善和优化康复景观的环境，为老人提供更多进行自发性活动的机会，如此才能保障老人社会性活动的进行。

参考文献

[1] 陈崇贤，夏宇.康复景观 疗愈花园设计 [M].南京：江苏凤凰美术
出版社,2021.03.

[2] 王晓博著.康复景观设计 [M].北京：中国建筑工业出版社，
2018.07.

[3] 大连理工大学出版社主办. LANDSCAPE DESIGN 景观设计 专题
康复疗养空间 2006 年 9 月 20 日 总第 17 期 [M].2006.09.

[4] 刘博新著.老年人康复景观的循证设计研究 [M].北京：中国建筑
工业出版社,2017.11.

[5] [美]克莱尔·库伯·马库斯,[美]娜奥米·A.萨克斯著;刘技峰译.
康复式景观 治愈系医疗花园和户外康复空间的循证设计方法 [M].
北京：电子工业出版社,2018.03.

[6] 度本图书 DOPRESSBOOKS 编著."心"景观 景观设计感知与心
理 [M].武汉：华中科技大学出版社,2014.01.

[7] [英]芬克编;李婵译.景观实录 景观设计中的色彩配置[M].沈阳:
辽宁科学技术出版社,2015.12.

[8] 香港理工国际出版社主编.住宅景观 [M].武汉：华中科技大学出
版社,2011.10.

[9]　刘刚，冯婉仪主编.园艺康复治疗技术 [M].广州：华南理工大学出版社,2019.03.

[10]　[美]戴维·坎普编；潘潇潇译.康复花园 [M].桂林：广西师范大学出版社,2016.02.

[11]　赵曦光，杜玉奎主编；中国人民解放军总后卫生部编.疗养康复护理学 [M].北京：人民军医出版社,1999.01.

[12]　伍后胜，陈孔斌主编.疗养康复手册 [M].杭州：浙江科学技术出版社,1993.11.

[13]　张愈，伍后胜主编.中国疗养康复大辞典 [M].北京：中国广播电视出版社,1993.06.

[14]　[美]罗伯特·F.卡尔编；常文心，张晨译.疗养院与康复中心设计 [M].沈阳：辽宁科学技术出版社,2014.08.

[15]　刘秋梅等主编.康复护理 [M].武汉：湖北科学技术出版社,2015.06.

[16]　蔡聚雨主编.养老康复护理与管理 [M].上海：第二军医大学出版社,2012.06.

[17]　[美]马克·蒂尔顿，[美]程松编；葛晓俐，尚飞译.银龄之春养老建筑设计 [M].沈阳：辽宁科学技术出版社,2018.10.

[18]　盛铖著.智慧养老园区服务设计 [M].石家庄：河北人民出版社,2019.03.

[19]　黄碧雪，张旋，李雯琳，牛平怡.基于适老化康复景观养生养老小镇植物配置设计探讨——以广西壮族自治区为例 [J].现代园艺,2021,44(22):90–91+94.

[20]　刘懿慧，刘金香，黄宗胜，方明.适老化康复景观使用后评价——以郴州市第一人民医院西院为例 [J].南华大学学报（自然科学

版),2021,35(03):83-89.

[21] 陆静雯 . 老年公寓景观空间适老化设计研究 [D]. 西安建筑科技大学 ,2021,33(12)：02.

[22] 刘哲辰 . 基于马斯洛需求层次下的适老化景观设计研究 [D]. 鲁迅美术学院 ,2021.

[23] 赵赟 . 河南乡村居住外环境适老化更新设计 [D]. 河南农业大学 ,2021.

[24] 解颜琳 . 城市适老化慢行环境设计研究 [D]. 西安美术学院 ,2021.

[25] 韦孔超 . 广州城中村公共景观空间适老化改造设计与研究 [D]. 广东工业大学 ,2021.

[26] 刘懿慧 . 综合医院适老化康复景观使用后评价研究 [D]. 南华大学 ,2021.

[27] 葛骐瑞 . 南华大学附三医院适老化康复景观改造设计 [D]. 南华大学 ,2021.

[28] 任文森 . 吕梁市农村户外公共空间适老化更新设计研究 [D]. 江南大学 ,2021.

[29] 王惠 . 养老社区适老化景观设计 [D]. 青岛科技大学 ,2021.

[30] 夏惠玲 . 不同养老场所的景观设计探析 [J]. 现代园艺 ,2020,43(15):116-118.

[31] 唐倩楠 . 基于老年人的社区康复景观设施微更新设计 [D]. 广东工业大学 ,2020.

[32] 李秀 . 老龄化背景下养老院户外空间景观规划设计研究 [D]. 西南交通大学 ,2020.

[33] 李苏豪 . 循证视角下的上海养老机构康复景观设计 [D]. 天津大学 ,2020.

[34] 刘梦瑶.老年活动中心适老化设计研究 [D].北京交通大学,2020.

[35] 赵博明阳.养老院智能化适老设施设计研究 [D].北京交通大学,2020.

[36] 胡丹妮,徐俊辉.江汉平原地区适老化康复景观中的植物配置研究 [J].设计艺术研究,2020,10(01):31-36+46.

[37] 李晓檬.适老型社区康复景观研究——以泰州市为例 [J].中外建筑,2019(12):146-148.

[38] 徐俊辉,胡丹妮.江汉平原地区适老化康复景观中的植物配置研究 [C]//.中国风景园林学会 2019 年会论文集（下册）.2019:636.

[39] 刘淑娟,丁斌.基于 POE 的老旧住区外部环境适老化设计启示 [J].城市住宅,2019,26(08):74-77.

[40] 齐鹏.医养结合型养老建筑空间设计研究 [D].湖南工业大学,2019.

[41] 樊志鹏.适老化康复性社区公园设计研究 [D].苏州大学,2019.

[42] 王娟,张晓凡.西安市适老化康复景观设计的影响因素正交实验研究 [J].科技通报,2019,35(03):192-195+200.

[43] 耿雅颖.循证设计理念下的养老设施康复景观设计研究 [D].南京理工大学,2019.

[44] 王慧.居住区适老化康复性景观设计研究 [D].长安大学,2018.

[45] 齐金凤.养老社区户外景观适老化设计 [D].东南大学,2017.

[46] 芦瑶.适老化居民疗养空间设计理论研究与实践 [D].河南大学,2017.

[47] 刘勇.老龄化城市生态宜居景观设计研究 [D].西安建筑科技大学,2017.

[48] 张二园,董丽.既有住区的康复景观设计 不仅是适老化设计 [J].建筑知识,2017,37(01):132-133.

[49] 韩志华 . 旧居住区适老化景观设计研究 [D]. 河北工业大学 ,2016.

[50] 崔雯婧 . 社区公园老年康复运动场所设计研究 [D]. 北京林业大学 ,2016.

[51] 李士青 , 李乐超 . 城市养老地产中康复景观设计的思考 [J]. 山西建筑 ,2015,41(17):216–218.